郧阳恐龙家园的前世今生

李正琪　胡永国　徐　佳　王　镝　周金花　编著

YUNYANG KONGLONG JIAYUAN DE QIANSHI JINSHENG

长江出版传媒
湖北科学技术出版社

图书在版编目（CIP）数据

郧阳恐龙家园的前世今生 / 李正琪等编著. -- 武汉 : 湖北科学技术出版社, 2025. 5. -- ISBN 978-7-5706-4272-4

Ⅰ. Q915.2

中国国家版本馆 CIP 数据核字第 20258XX256 号

责任编辑：宋志阳

责任校对：李梦芹　张　婕　　　　封面设计：徐　佳　喻　杨

出版发行：湖北科学技术出版社

地　　址：武汉市雄楚大街 268 号（湖北出版文化城 B 座 13—14 层）

电　　话：027-87679468　　　　邮　　编：430070

印　　刷：湖北新华印务有限公司　　　　邮　　编：430035

---

889 毫米 ×1194 毫米　1/16　　12.75 印张　288 千字

2025 年 5 月第 1 版　　2025 年 5 月第 1 次印刷

定　　价：120.00 元

（本书如有印装问题，可找本社市场部更换）

前 言

在遥远的中生代时期，地球上曾生活着一种奇特的动物——恐龙，它是陆地上的霸主，称霸地球达 1.6 亿年之久，但在 6500 万年之前，这些超级强悍的霸主突然消失了。无论成人还是孩子都对恐龙充满了好奇和神秘感，以至一部《侏罗纪公园》的电影轰动了全球，吸引了无数人的眼球。恐龙到底是一种什么样的动物？恐龙吃什么？恐龙缘何能成为地球的霸主，而且还统治地球达 1.6 亿年之久？所有这些问题一直吸引着无数专家学者在思考、探究，希望能够找到一个比较完美的结果。直至 1822 年英国学者曼特尔夫妇发现恐龙化石开始，在一代代科学家的不断努力下，上述问题已经有了许多的解答。

不知从什么时候开始，在湖北省十堰市郧阳区（以前称郧县）的青龙山上，传说有"龙"曾在那里活动过，但这只是神话传说，谁也没有真正见过。直至 20 世纪 90 年代，在青龙山上真的发现了许多的"龙蛋"，经地质古生物专家鉴定，此"龙蛋"并非传说中的"龙蛋"，而是生活在距今 6500 万年前的古爬行动物恐龙生的蛋，且数量巨大。两年后又在郧阳发现了许多恐龙的骨骼化石。这一发现轰动了全世界。于是郧阳有了"郧龙家园"（即郧阳恐龙生活过的家园）的称呼。

《郧阳恐龙家园的前世今生》是一本讲述恐龙化石故事的书，本书以时间演化为轴，梳理了晚白垩世时代，生活在郧阳恐龙生命发展的足迹，重点介绍了不同属种恐龙的具体特征，繁衍方式。最后向读者介绍郧阳恐龙的发现、保护、研究与利用，在新时代如何保护古生物化石，科学利用古生物化石资源，助力乡村振兴，脱贫致富的路程。书中以一种全新的视角向人们介绍了神秘的恐龙世界，解密郧阳恐龙及恐龙蛋的发掘过程，带领读者探寻郧阳恐龙化石足迹，解读郧阳恐龙的前世今生，系统讲解郧阳恐龙繁衍生息等方方面面。从多视角展现史前恐龙在地球上生活的画面，用细腻传神的插图带给读者超乎想象的视觉冲击。普及有关恐龙的地质科学知识，强化保护古生物化石的价值与意义，如何保护好"绿水青山"，再把它建成"金山银山"，造福人类。

20 世纪 80—90 年代是我国恐龙蛋化石发现的高峰期，也是我国露出地表的恐龙蛋化石灾难期，在个人利益驱动下，许多恐龙蛋化石产地的蛋化石被盗挖、走私贩卖殆尽，化石产地破坏十分严重，而郧阳青龙山的恐龙蛋化石保护的十分完整。据中国科学院古脊椎动物与古人类研究所研究员赵资奎先生说，郧阳恐龙蛋化石群是

国内外目前地表保存最好最大的一处恐龙蛋化石产地，是国家、地方政府、有关地质专家、当地老百姓共同合作保护下来的一处珍贵的古生物化石遗址。至此，作者编写了《郧阳恐龙家园的前世今生》，叙述了郧阳保护恐龙蛋化石的艰难过程，以此表示对为保护郧阳青龙山恐龙蛋化石和恐龙化石作出了突出贡献的各级有关领导、地质专家、产地村民的敬意和感谢！

为了普及恐龙的有关知识，帮助读者认识什么是恐龙，恐龙与其他动物有哪些不同的生理特征，在本书的第2篇中，从有关的专著及网络中收集到了一些简要的知识，供读者参考，如有不妥或错误，请读者原谅，并在网上或有关著作中查明。

编著者

2024年8月

目 录

第1篇
郧龙家园的来历

1.1 青龙山上有龙的传说

相传很久以前，今十堰市郧阳区柳陂镇的青龙山上，曾有一条青龙在此山修成正果，盘踞在汉水青龙潭，接受民间祈福，于是有了今天的土庙岭；此后，又有一条红龙在青龙山后的西南侧卧龙山顶修炼成道，并把山顶化为红色，为此就有了今天的卧龙山、红寨子。约宋元时期，当地人信仰龙神，祈求风调雨顺，在青龙山修了一座二龙寺，占地百亩，且日夜香火缭绕不息。明清时期，二龙寺成为香客进入武当山朝拜的一道大门，后不幸毁于一场大火，但青龙山有龙的传说一直还在民间流传。

1.2 石蛋之迷

不知什么时候开始，柳陂人发现青龙山有许多圆滚滚的石头疙瘩，因呈蛋形，质地坚硬，当地人给这种石头起了个名字叫“石蛋”（图 1-1）。但石蛋到底是什么？有什么用？谁也说不清楚。由于产石蛋的地方没有比石蛋更坚硬的石头，老乡们就把这些石蛋用于建围墙、砌猪圈和盖房子的下脚根（奠基石）等。在此期间，也曾有人向外地能人请教过石蛋是什么，但大都没有一个准确的答复，石蛋之谜一直没有被解开。

图 1-1　青龙山上的“石蛋”

1.3　石破天惊！“恐龙家园”欣然面世

1994 年冬，一个来自河南镇平县的客商到湖北郧县找农民朱天义买橘子，当他把装满橘子的车开到青龙山山腰时，车轮陷入泥坑。为了赶时间，买橘人随手从路边捡了几个石蛋疙瘩填进泥坑中，开足马力，把车开出了泥坑后，又把车停下，顺便捡了几个石蛋装入袋中。朱天义对买橘人说：“我们村的这一带稻场上、小路边、猪圈外、屋基旁和山坡上到处都有石蛋。”说者无意，听者有心，不久，朱天义收到买橘子人的信，请他帮忙收购一些“石蛋”。几天后，河南买橘人真的开车来找朱天义，以 0.7 元一枚的价格，收购并运走 2 麻袋共 60 枚“石蛋”。生意人买石蛋，一时成为柳陂人的热门话题。朱天义也感到蹊跷，就赶到县城，把买石蛋的事告诉县委常委、县委办公室主任朱天峰。

1995 年 4 月上旬，朱天峰等到柳陂调查蔬菜大棚建设情况。随后让朱天义和 2 名镇干部带路，前往青龙山查看石蛋。行至贺家沟村，发现村公路石坎上堆有一些裸露的石蛋，就将 20 枚石蛋装到车上带回县政府，并嘱咐随行人员注意保密，并向县委书记郭筱鹏、县长蒋汉洲汇报了看到石蛋的情况。3 人审视样品后决定，请中国地质大学下派到郧县任科技副县长的郭湘芬鉴定。郭湘芬初步认定“石蛋”为恐龙蛋化石。4 月 17 日，郭湘芬到武汉开会，将疑是恐龙蛋样品带到中国地质大学，请一位从事地质教学的教师鉴定，这位教师也认为是恐龙蛋化石。同月下旬，郭湘芬回到郧县，经县委、县政府研究决定，请在中国地质大学任职的中国科学院院士、校长、教授方耀华，校党委副书记、教授关康年，地质博物馆常务副馆长、副研究员任有福等专家对疑似恐龙蛋化石样品做进一步鉴定。经方耀华院士等鉴定，确认郧县送鉴的恐龙蛋化石样品属白垩纪恐龙产的恐龙蛋化石无疑。院士的认定，终于解开了郧阳石蛋的秘密！一个近亿万年前的“恐龙家园”在郧县的青龙山被发现了。

1995 年 5 月 16 日上午，方耀华院士、关康年教授一行受郧县人民政府邀请莅临郧县，在县长蒋汉洲、副县长郭湘芬及县地矿局党支部书记张俊星等陪同下，前往柳陂镇青龙山恐龙蛋化石埋藏地，与受邀的十堰市媒体记者、专家学者一起到青龙山再次进行现场考察和实地拍摄，制作新闻节目。5 月 18 日，十堰市委、市政府召开新闻发布会，正式公布郧县柳陂镇青龙山村产出的“石蛋”，是距今 6500 万年前白垩纪的恐龙蛋化石。从此，石蛋之谜被解开，一处距今 6500 万年前的“恐龙家园”遗址欣然面世。

一石激起千层浪，郧县（现湖北省十堰市郧阳区）发现恐龙蛋化石群的消息引起了全世界的轰动，新华社、人民日报、中央电视台、科技日报、湖北电视台、湖北日报等新闻媒体纷纷转发。美国《华侨日报》也转载了郧县惊现恐龙蛋化石群的消息。1995 年 7 月，加拿大梯雷尔古生物博物馆馆长菲利浦 · 柯瑞博士一行 5 人，不远万里来到郧县，考察青龙山恐龙蛋化石群。柯瑞博士断言：“这个地区今后可能成为中国最有影响的地区之一。”

1.4 “郧龙家园”称谓的由来

无独有偶，不知道从什么时候开始，郧县梅铺镇李家沟的村民时常在山坡地头上看到一些疑似动物的骨头或碎片，他们把这种从山上捡回来的骨头称为“龙骨”，即认为是“龙”的骨头，并说有疗伤治病的功效。于是，就有些村民把捡到的骨头带回家里，遇到创伤流血，就把这些骨头碾碎敷在创口上止血，并收到一定的效果。从此，梅铺镇李家沟产“龙骨”在当地就传开了，用“龙骨”治创伤已经成为当地村民治理小创伤的常用土方。

1997 年 7 月 23 日，郧县梅铺镇李家沟村村民在村头进行农田改造时，在炸开的岩石中，发现了许多的动物骨头，引起了当时正在和村民一起施工的镇党委副书记牛振华的注意，他请大家把这些骨头捡起来放在一块，并停止了施工，同时镇政府也立即将发现“龙骨”的情况通告了郧县（现郧阳区）地矿局，县地矿局又马上报告到湖北省地矿厅。为了落实这一发现的真实性，湖北省地矿厅指派当时湖北地质博物馆馆长、教授级高级工程师李正琪，工程师胡光来等赴现场进行考察鉴定（图 1-2），在此期间，还邀请了中国地质大学（武汉）地质博物馆馆长任有福、古生物教授周修高到现场进行鉴定。经过几天的考察，双方都认定这是恐龙骨骼化石，其生存时代与青龙山的恐龙蛋化石为同一时代（白垩纪晚期）。为保护好这些珍贵的恐龙化石，1997 年 9 月 5 日，经湖北省地矿厅申请，地质矿产部批准，湖北省地矿厅委派湖北地质博物馆承担此次抢救性发掘任务。9 月 15 日，在当时中国地质博物馆馆长季强、中国地质科学院程政武研究员及中国地质博物馆靳悦高、张守明、王明时、章甦等专家的支持与帮助下，在郧县政府、梅铺镇政府的大力支持下，由李正琪教授级高工带领的团队，在梅铺镇李家沟村恐龙化石产地开始了抢救性挖掘工作（图 1-3），历经发掘团队 6 个多月的艰苦努力，共挖出完整和较完整的骨化石 399 块（图 1-4），骨化石碎片数百块。2002 年 11 月，湖北地质博物馆科考小分队第二次对 1、2 号化石点和 6 号化石点进行了发掘，采集化石 100 多块，同时采集到恐龙胃石一块，牙齿化石 11 个。此次在 6 号点采集的骨化石以小型兽脚类骨化石为主（图 1-5）。

图 1-2　李家沟村 1 号、2 号、6 号恐龙蛋化石产地

图 1-3　李家沟村恐龙骨化石发掘现场

根据中国科学院古脊椎动物与古人类研究所赵喜进研究员的鉴定结果。生活在郧阳的恐龙是一个大家族，有蜥臀类恐龙，也有鸟臀类恐龙；有素食类恐龙，也有肉食类恐龙。

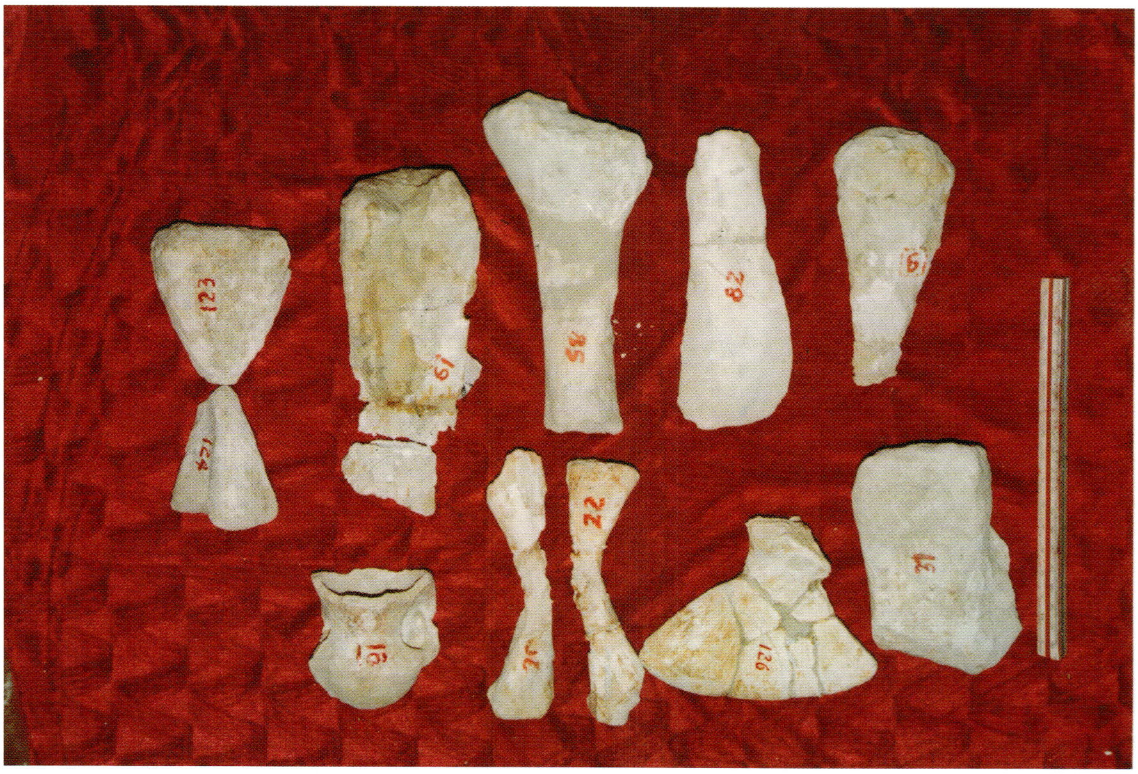

图 1-4　挖掘出土并已修复的部分恐龙骨化石

图 1-5　6 号化石点发掘出土的小型兽脚类恐龙骨化石

1998—2000 年，在中国科学院古脊椎动物与古人类化石研究所赵喜进研究员指导下，湖北地质博物馆发掘团队通过 3 年多的艰苦努力，对李家沟 1 号、2 号、6 号产地挖掘出来的恐龙骨骼化石进行了修复（图 1-6）。

图 1-6　赵喜进研究员（左一）在指导恐龙化石修复

2000 年 12 月，湖北地质博物馆委托内蒙古龙昊地质古生物研究中心的专家完成了装架(图 1-7)。2001 年 1 月 1 日，湖北地质博物馆将装好的第一具“巴克龙”骨架送到郧县(今郧阳区)地质陈列馆展出(图 1-8)，并举行了隆重的交接仪式(图 1-9)。按协议要求，另一具蜥臀类恐龙骨架(暂定名：湖北郧县龙)于 2002 年完成装架，安置在湖北地质博物馆展出(图 1-10)。至此，湖北省十堰市郧县(今郧阳区)既产恐龙化石，又产恐龙蛋化石的消息开始在国内外传开，郧阳也被人们称为昔日的“恐龙家园”。郧阳由此有了“郧龙家园”(即郧阳恐龙生活繁衍的家园的简称)称谓。

图 1-7　湖北郧县龙装架现场

图 1-8　安装好的巴克龙骨架被安置在郧阳地质陈列馆(左三为赵喜进研究员)

图 1-9　巴克龙骨架交接仪式现场

图 1-10　安置在湖北地质博物馆的“湖北郧县龙”骨架

2016 年，十堰市邮政局成立了“郧龙家园”主题文化邮局，以此纪念“郧阳恐龙家园”的发现（图 1-11）。

图 1-11　"郧龙家园"主题文化邮局成立仪式现场

第2篇
什么是恐龙？

2.1 谁是第一个发现恐龙化石的人?

谁是最先发现恐龙化石的人？是一对住在英国南部苏塞克斯郡叫作刘易斯的一个小地方的吉迪恩·曼特尔(Gideon Mantell)夫妇(图 2-1)。故事发生在200多年前,这位曾经住在这里的曼特尔乡村医生总是对大自然充满好奇心,而且特别喜爱收集和研究化石,行医治病之余,他常常带着妻子一起跋山涉水去寻找和采集化石,足迹踏遍了周围的山山水水,怪石丛林。久而久之,曼特尔夫人也成了一位“自然之友”和化石采集高手。

图 2-1　吉迪恩·曼特尔夫妇

1822年3月的一天,天气非常寒冷,可是曼特尔先生还是照常出门去给病人看病。夫人在家里等着丈夫回来,心里总是惦记着他会不会着凉,在家里实在坐不住了,就带上一件丈夫的大衣出门,向着他出诊的方向去迎接他。当她走到一条正在修建的公路上时,发现公路两旁新开凿出来的陡壁上裸露出一层层的岩石。她习惯性地边走边观察两边新裸露的岩层,忽然,一些亮晶晶的东西引起了她的注意。“这是什么东西呢?”她一面自言自语,一面走上前去仔细观看。哇！原来是一些样子奇特的动物牙齿化石。这些化石牙齿太大了,曼特尔夫人从来没有见过这么大的牙齿,发现的兴奋使得曼特尔夫人忘记了给丈夫送衣服这件事。她小心翼翼地把这些化石从岩层中取出来带回家里。晚些时候,曼特尔先生回到了家中,当夫人将新采集到的化石呈现在他眼前的时候,他惊呆了！他见过许许多多远古动物的牙齿化石,可从来没有见过这么大、这么奇特的牙齿。

不久,曼特尔先生又在发现化石的地点附近找到了许多同样的牙齿化石以及相关的骨骼化石。为了弄清这些化石到底是什么动物的化石,曼特尔先生把这些化石带给了法国博物学家居维叶,请这位当时在全世界享有盛名的学者给予鉴定。说实在的,居维叶也没有见过这种化石,而且在他读过的所有的由前辈科学家撰写的书籍和论文中也从没有提到过这种化石。不过,居维叶还是根据他掌握的相当丰富的动物学知识做了一个判断,他认为牙齿是犀牛的,骨骼是河马的。曼特尔先生对居维叶的鉴定非常怀疑,他认为居维叶的结论太草率了。于是,他决定继续考证。从此,他只要有机会,就到各地的博物馆去对比标本、查阅资料。两年后的一天,他偶然结识了一位在伦敦皇家学院博物馆工作的博物学家,此人当时正在研究一种生活在中美洲的现代蜥蜴——鬣蜥。于是,曼特尔先生就带着那些化石来到伦敦皇家学院博物馆,与博物学家收集的鬣蜥的牙齿相对比,结果发现两者非常相似。喜出望外的曼特尔先生就此得出结论,认为这些化石属于一种与鬣蜥同类、但是已经绝灭了的古代爬行动物,并把它命名为"鬣蜥的牙齿"。后来,随着发现的化石材料越来越多,人类对这些远古动物的认识也越来越深入,我们知道所谓的"鬣蜥的牙齿"这种动物实际上是种类繁多的恐龙家族的一员;它确实与鬣蜥一样属于爬行动物,但是它与真正的鬣蜥的亲缘关系比起与其他种的恐龙的关系还要远呢!但是,按照生物命名法则,这种最早被科学地记录下来的恐龙的种名的拉丁文字并没有变,依然是"鬣蜥的牙齿"的意思。不过,它的中文名称则被译为禽龙。因此请记住:禽龙是科学史上最早记载的恐龙。同时,别忘了曼特尔这个名字以及他那位热爱大自然的妻子。

曼特尔龙的化石最初是在 1917 年由雷金纳德·胡利(Reginald Hooley)发现于英格兰南部。胡利最初将它们命名为阿瑟菲尔德禽龙,是以化石发现地威特岛西南岸的阿瑟菲尔德村命名的。在 2007 年,格里高利·保罗(Gregory S. Paul)建立曼特尔龙属,是以发现禽龙的古生物学家吉迪恩·曼特尔为名(图 2-2)。

图 2-2　曼特尔龙

2.2　恐龙一词的由来

1841 年 8 月 2 日,不列颠科学协会在普利茅斯召开学术会议,英国著名比较解剖学家、古生物学家理查德·欧文(Richard Owen,1804—1892)(图 2-3),根据当时的发现和自己的研究成果，在他题为《英国爬行动物化石》的论文中，为这些神秘的爬行动物命名为“dinosaur”，意为恐怖的大蜥蜴（din 表示恐怖的、伟大的意思；saur 表示蜥蜴）。后来由日本科学家翻译为“恐竜”。国内最早将 dinosaur 翻译成汉字“恐龙”的是中国地质学创始人章鸿钊（1877—1951）。

图 2-3 理查德·欧文

理查德·欧文的早期著作有他根据伦敦外科医生学会博物馆所藏比较解剖学生理学系列标本所编写的《分类目录，附说明及图示》（1833），编此目录使他取得了有关比较解剖学的丰富知识。他的《珠光鹦鹉螺》（1832）这一经典著作更使他在动物学界崭露头角。19 世纪 40 年代早期，他对比较牙齿的结构倾注了大量精力，因为他深知牙齿是身体的最坚固的部分，也是以化石的形式最容易被保存下来的部分。另外，从牙齿可以了解到大量的关于一个动物的食性习惯和生活方式的材料。1845 年他发表了《牙体形态学》，是研究牙体结构的主要著作。1846 年，他出版了《脊椎动物比较解剖学和生理学讲义》，是他在亨特讲座和富勒讲座期间教材的结晶。

理查德·欧文在古生物学研究方面有巨大的成就。他是最早采集和研究恐龙的主要学者之一,dinosaur(恐龙)一词就是他在 1842 年创造的。1846 年他发表《英国化石:哺乳动物和鸟类的历史》。1854 年,他又发表了《英国化石:爬行动物的历史》。1854 年,他在伦敦的水晶宫里复制出供展出的第一批原大的恐龙模型(图 2-4),向广大群众普及古生物知识,引起人们强烈的兴趣。他还研究了澳大利亚和新西兰的古生物,第一个描绘了巨大的、已于新近纪灭绝的新西兰恐鸟。1868 年,他出版了经典巨著《论脊椎动物解剖学》。

图 2-4　理查德·欧文复制的恐龙模型

2.3 什么是恐龙？

地球从诞生到现在已经有 46 亿年的历史，地球刚刚形成的前 10 亿年，这个地球是孤寂的，没有生命。直到 35 亿年前，原始海洋中的有机物不断合成、分解，终于出现了第一个单细胞生物。到了 32 亿年前，细胞结构较复杂的蓝绿藻才出现。蓝绿藻有叶绿体，可以和阳光进行光合作用制造出淀粉和氧气，使大气中的氧气逐渐增加。等到大气中的氧气多到可以覆盖整个地球时，臭氧层便形成了。臭氧层可以阻断阳光中的紫外线，地球至此才真正形成了适合生物生存的环境。大约从 6 亿年前的前寒武纪开始，地球上的生物才有了极大的变化。先是海洋里的植物登上了陆地，让地表逐渐有了绿意；后来海里的鱼类发现陆地上有丰富的食物，也爬上陆地生活，而逐渐演化成两栖类。距今约 2.25 亿年三叠纪的时候，出现了一种不平凡的动物，这种动物统治地球长达 1.6 亿年之久，被称为当时陆地上的霸主，距今大约 6500 万年绝灭。这种动物的名字就叫“恐龙”（图 2-5）。这个时代被地质学家称为“中生代”，也被称为“恐龙时代”。

恐龙是什么？恐龙是一种爬行动物，它们生活在陆地上，产下外壳坚硬的蛋。恐龙的皮肤坚韧，有鳞甲覆盖，四肢有爪（图 2-6）。恐龙种类繁多，生活习性差别很大，有食肉类，

⬇图 2-5　恐龙（霸王龙）

也有素食类,还有一些杂食类。恐龙个体差别也很大,大的有几十头象大,重达数十吨;小的与一只鸡的大小差不多。恐龙和其他的爬行动物的差异是有强壮的四肢直立在躯干之下,容易行走和运动.而其他爬行动物的四肢伸向身体的两侧匍匐爬行(图 2-7)。恐龙身体上各个部位的结构都非常协调一致,保证了它们的生存和繁衍,并确立了它们当时在地球上的霸主地位。

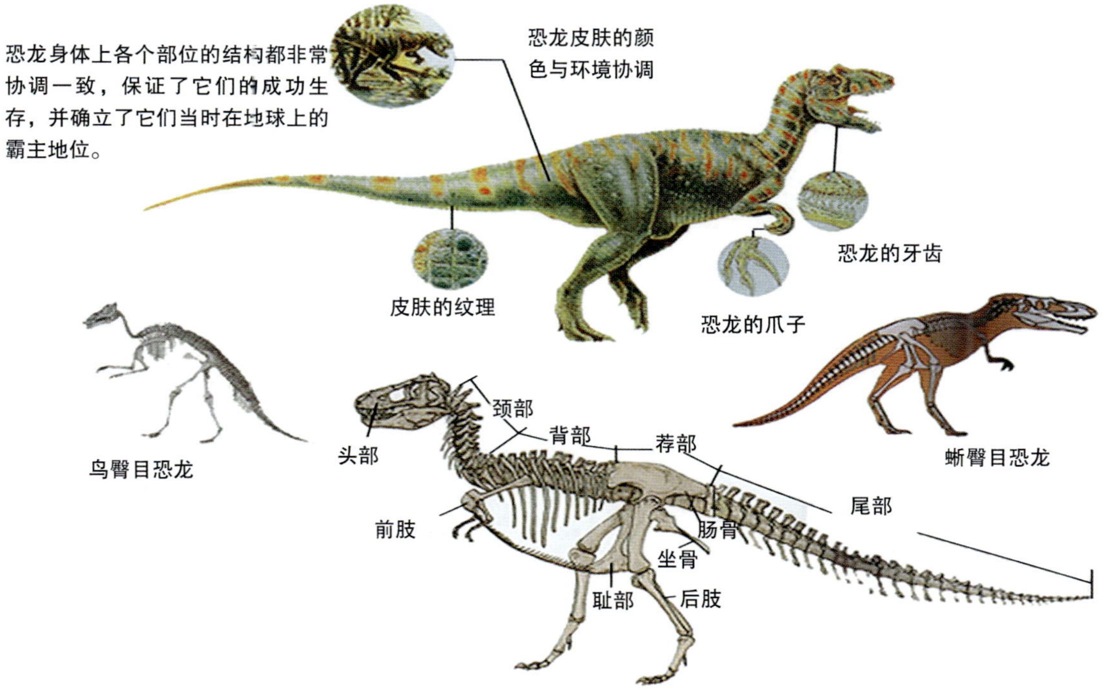

图 2-6　恐龙的皮肤和内部结构

图 2-7　恐龙与其他爬行动物行走动作的对比

爬行动物是个庞大的家族，科学家们根据它们头骨的结构，尤其是颞颥孔（颞颥孔是爬行动物头部用来容纳开闭上、下颌和咀嚼肌肉的孔）的位置和变化，把它们分成4大类（亚纲），即无孔类、双孔类、单孔类、调孔类（图2-8）。这四类又分16个目。现生的爬行动物只有4个目，其他的爬行动物，像恐龙、翼龙、角龙、鱼龙、蛇颈龙等在白垩纪末绝灭，退出了历史舞台。现今恐龙已经广为人知，但并不是所有名字带“龙”的都是恐龙。恐龙特指爬行纲双孔类中蜥臀目和鸟臀目中的成员。

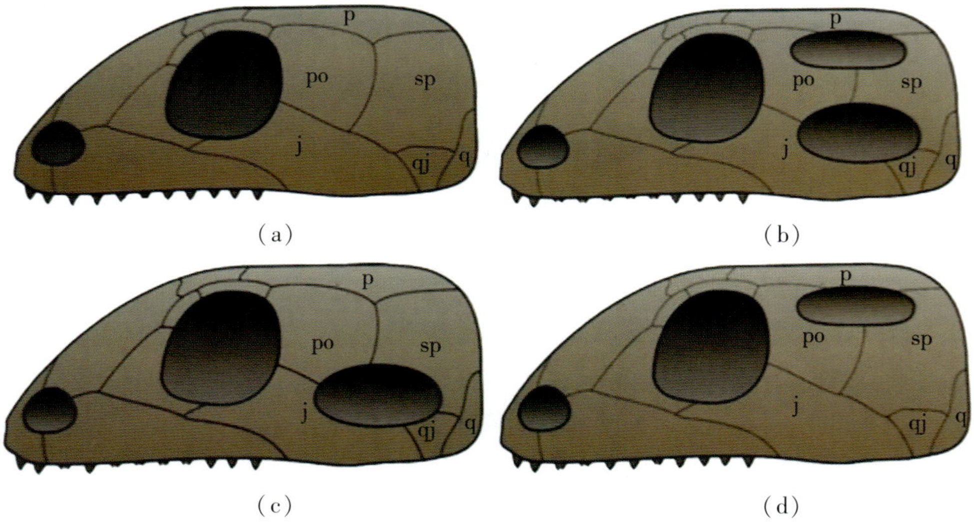

j.颧骨；p.顶骨；po.眶后骨；q.方骨；qj.方轭骨；sp.鳞骨

（a）无孔类；（b）双孔类；（c）单孔类；（d）调孔类

图2-8 颞颥孔

恐龙最早出现在中生代三叠纪晚期（距今2.25亿年），最兴盛的时期是侏罗纪和白垩纪，在白垩纪晚期（距今6500万前）绝灭，它们在地球上大约生活了1.6亿年。

2.4 恐龙的分类

恐龙被分为两大种群或目，即蜥臀目和鸟臀目。与大多数恐龙名字一样，这些名字都源自拉丁文和希腊文中描写动物的词。蜥臀目的意思是“蜥蜴的臀部”，鸟臀目即“鸟的臀部”。这是对每一种恐龙特征的简略表达方式。不过，上述所指的“臀”不是恐龙臀部外形，而是指恐龙的骨盆（由肠骨、耻骨、坐骨组成）。一类恐龙的肠骨、耻骨、坐骨分别指向三个方向，学术上称为三射式骨盆。即肠骨与坐骨平行指向近前后方向，耻骨指向前下方，坐骨指向后下方，其骨盆与现代蜥蜴的骨盆特点类似，因此称为蜥臀目；另一类恐龙的肠骨、耻骨、坐骨组合形状像个“工”字，被称为四射式骨盆，即肠骨指向前后方向，耻骨前段指向前方，耻骨后段指向后下方，与坐骨呈平行状，其骨盆与现代鸟类的骨盆类似，因此称为鸟臀目（图2-9、图2-10）。

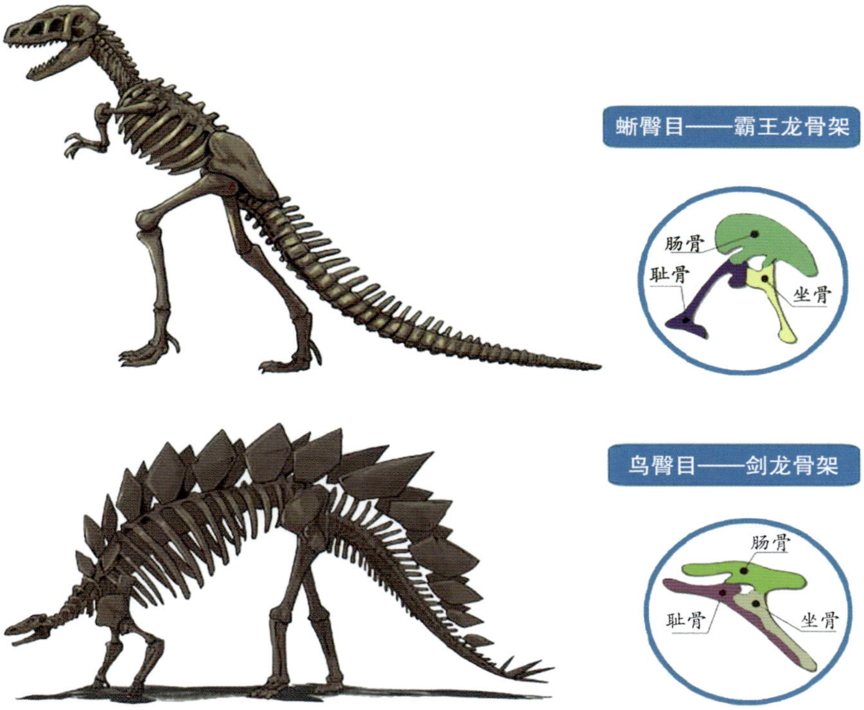

图 2-9　恐龙骨盆结构图

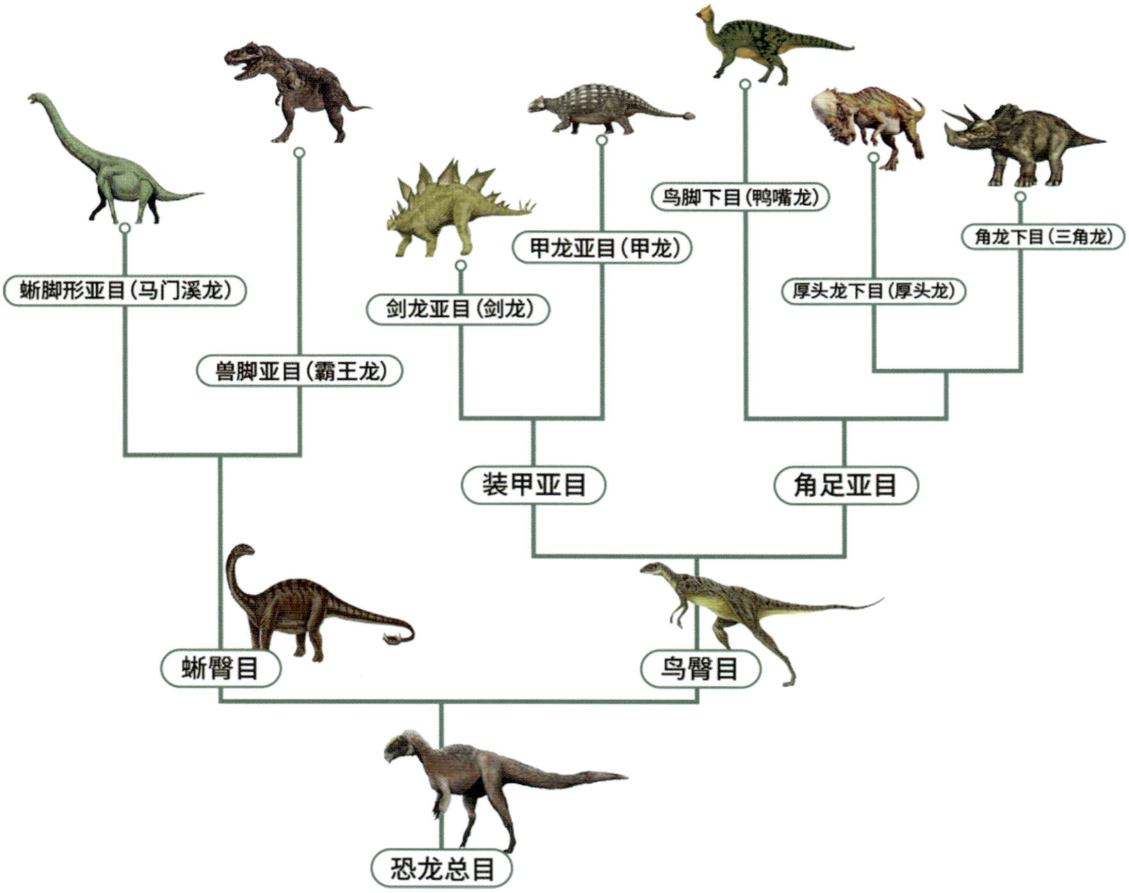

图 2-10　恐龙分类图

2.5 恐龙吃什么?

恐龙主要吃的食物有:肉类、杂食类、植物类。其中,食肉恐龙主要捕食一些动物的肉(包括恐龙);食杂食的恐龙吃一些小动物,如小的爬行类、昆虫及哺乳类,也吃一些植物。还有的恐龙可能专以蚂蚁为食,像现代动物中的食蚁兽一样。吃植物的恐龙有丰盛的食物可以享用,三叠纪时代,裸子植物苏铁、尼尔桑、银杏及松柏类等植物丰富,可以满足当时恐龙的不同口味;侏罗纪时代,裸子植物中的苏铁类、松柏类和银杏类极其繁茂,蕨类植物中的木贼类和真蕨类,以及密集的松柏、银杏和乔木羊齿共同组成茂密的森林,尽管不同时期的食草恐龙食物也略有不同,高大恐龙,比如腕龙、马门溪龙等可以尽情地吃饱;矮小的恐龙可以吃蕨类植物和藻类植物;白垩纪早期的陆地上的裸子植物和蕨类植物仍占统治地位,松柏、苏铁、银杏、真蕨及有节类组成主要植物群。此外被子植物开始出现于早白垩世早期,中期在陆生植物中居统治地位的还有山毛榉、榕树、木兰、枫、栎、杨、樟、胡桃等。

2.5.1 食肉的恐龙

所有食肉的恐龙从身体庞大又凶猛的霸王龙到身体小巧、奔跑迅速的秀颌龙,都属于同一类兽脚类(兽脚亚目)恐龙。他们都有强壮的后腿和用于保持平衡的粗壮的大尾巴。绝大多数兽脚类恐龙的后肢都有 3 个向前的脚趾和一个向后弯的第四趾,趾上都有锋利的爪;它们还有短小的前肢,趾端也长着利爪。这些恐龙大部分都长有像匕首一样的牙齿,用以撕咬猎物(图 2-11)。

图 2-11 食肉恐龙有锋利的牙齿和爪

大、中型食肉的恐龙一般都有粗短的脖子和一个沉重的大脑袋。比如霸王龙,它那巨大的脑袋就有 1.2 米长,它锋利的牙齿略向后弯曲,猎物一旦入口,就别想逃出去。

1.重爪龙

原意属名为坚实的利爪,沃克氏重爪龙的爪子比较其体躯而言更加庞大,属于食肉的兽脚类恐龙,以前肢有大的爪而得名。重爪龙发现于英国南部,与其他的食肉恐龙有很大差别,除了前肢有大的爪而不像其他大型兽脚类恐龙那样前肢非常退化外,嘴和牙齿也类似于鳄鱼而不似其他大型兽脚类恐龙,推测可能是像鳄鱼一样以鱼为食(图 2-12)。沃克氏重爪龙的牙齿和上、下颚与鳄类极为相似,它很有可能生活在水边,或者潜入浅水中,用它可怕的利爪来捕食鳄鱼,很像是大型灰熊。

图 2-12　重爪龙

2.秀颌龙

很多人总是认为,凡是恐龙都是庞然大物,其实在恐龙的大家族中也有很小的种类。秀颌龙就是恐龙家族中最小的成员,成年的秀颌龙从头部的前端到尾部的末端也只有 75 厘米长,就像母鸡一样大小。虽然秀颌龙其貌不扬,一点也不引人注目,但是它与始祖鸟具有亲缘关系,所以成为古生物学家极为关注的对象。秀颌龙的身体特征由于肢骨中空,身体非常轻巧。后肢又细又长,嘴里长满了尖利的牙齿,在身体的后面拖着一条细长的尾巴

(图 2-13)。秀颌龙是一种行动敏捷的恐龙,不仅善于奔跑,而且跳跃的本领也很高。这种恐龙生活在侏罗纪,化石最早在德国发现,虽然其貌不扬,毫不引人注目,但是由于它与人们推测的鸟类祖先沾亲带故,反倒成为恐龙中最受专家学者们关注的对象。假如有人还盲目地认为恐龙都是庞然大物的话,秀颌龙肯定是最好的反证。

图 2-13　秀颌龙

3.伶盗龙

伶盗龙又称为迅猛龙、速龙、快盗龙,属名在拉丁文意为"敏捷的盗贼",是蜥臀目兽脚亚目驰龙科恐龙的一属,大约生活于距今 8300 万—7000 万年的晚白垩纪坎潘期(图 2-14)。伶盗龙的体型接近火鸡的大小,小于其他的大型驰龙科恐龙,例如恐爪龙与阿基里斯龙,但它们之间仍有许多相同的生理特征。伶盗龙是一种二足、肉食性的有羽毛恐龙,具有长而坚挺的尾巴,双脚的第二脚趾具有大型的镰刀状趾爪,这些趾爪可用来杀死猎物。伶盗龙与其他驰龙科的差别在于长而低矮的头颅骨,以及朝上微翘的口鼻部,伶盗龙的模式种为蒙古伶盗龙,化石发现于蒙古国及中国内蒙古等地。第二个种为奥氏伶盗龙,是在 2008 年被命名的,化石是一个发现于中国内蒙古的头骨。过去曾经有其他的种,但现多已不被承认。伶盗龙是最广受一般大众熟悉的恐龙之一,这主要因为它们在麦克・克莱顿的小说《侏罗纪公园》以及同名电影中的抢眼表现,但小说与电影对于伶盗龙的描述有误。对于古生物学家而言,伶盗龙则是一种重要的恐龙。已发现超过 10 个伶盗龙的化石,是驰龙科中数量最多的。而其中一个著名的标本,则保存了与原角龙缠斗中的伶盗龙。

图 2-14　伶盗龙

4.霸王龙

霸王龙即雷克斯暴龙,生存于距今 6850 万—6500 万年的白垩纪最末期,是白垩纪—古近纪灭绝事件前最后的非鸟类的恐龙种类之一。化石分布于北美洲的美国与加拿大,是最晚灭绝的恐龙之一。霸王龙属暴龙科中体型最大的一种。体长 11.5~14.7 米。平均臀部高度约 4 米。最高臀高可达到 5.2 米,头高最高近 6 米。平均体重超 9 吨,头部长度最大约 1.55 米。咬合力一般 9 万~12 万牛顿,嘴巴末端最大可达 20 万牛顿左右,同时也是体型最为粗壮的食肉恐龙(图 2-15)。

霸王龙的属名在古希腊文中意为"残暴的蜥蜴王",种名在拉丁文中意为国王。有些科学家认为亚洲的勇士特暴龙是暴龙超科的第一个有效种,而其他科学家则认为特暴龙是独立的属。除此之外还有许多暴龙科的种已被提出,但它们多被认为是暴龙的异名,或被分类于其他属,一支古生物学家团队确认,于 1991 年在加拿大西部发现的暴龙化石,是全球迄今发现的最大暴龙。加拿大艾伯塔大学团队表示,这只取名为"斯科蒂"的暴龙身长 13 米,体重很可能在 9 吨,超越过去所发现的所有肉食性恐龙。2019 年 5 月 18 日,世上最大霸王龙"斯科蒂"的骨架在加拿大萨斯喀彻温省展出,它身长 13 米,生前体重超9 吨,比此前被认为的最大霸王龙还重一点。

图 2-15　霸王龙

5.虚骨龙

虚骨龙又名空尾龙,是指属于虚骨龙科下的一种,生活于晚侏罗纪的钦莫里期至提塘期,距今约 1.5 亿年。虚骨龙是种小型、二足的肉食性恐龙,身长为 2.4 米,体重最大可达 20 千克(图 2-16)。族群从小到大皆有,包括窃蛋龙及奔龙,一般认为鸟类起源于小型的虚骨龙。另一个理论认为暴龙为虚骨龙进化而来。它主要分布于亚洲及北美洲。虚骨龙类也已列入联尾龙类,其中包括鸟的祖先。它在进化上的显著特征是:在腭部的外孔,后肢比前肢约长一半。

图 2-16　虚骨龙

6.中华盗龙

中华盗龙,顾名思义盗龙意为盗贼。中华盗龙属下有两个种:董氏中华盗龙与和平中华盗龙。董氏中华盗龙发掘于新疆准噶尔盆地,体长 7.5 米,头骨 85 厘米,体重 1.8 吨左右。小于北美脆弱异特龙平均水平。和平中华盗龙发现于四川省自贡市和平乡,体长 9 米,头骨 104 厘米,体重 3.5 吨左右。大于北美脆弱异特龙平均水平,说明中华盗龙曾经分布较广,它比异特龙更原始,与在四川发现的永川龙比较接近,但头骨比永川龙更长更低(图 2-17)。研究者提出,我国所发现的属于晚侏罗纪的大型食肉恐龙除单棘龙外还包括中华盗龙、永川龙和四川龙。后三者都属于一科,为中华盗龙科。而单棘龙被认为有时候会成为中华盗龙的非常规食物,因为单棘龙的化石上有疑似中华盗龙属的咬痕。中华盗龙的腿很长,个子在同体长的恐龙里最高。

图 2-17　中华盗龙

7.永川龙

1977 年,中国四川省永川县(现重庆市永川区)进行上游水坝施工时,挖出一个几乎完整的恐龙身体骨骼、头颅骨,随后又挖出更多的化石。这个标本被命名为上游永川龙。在 1983 年,董枝明等人将同一挖掘地点发现的完整身体骨骼、头颅骨,命名为第二个种,巨型永川龙。后又发现许多永川龙的化石,其中和平永川龙的标本长约 9 米,是亚洲发掘的最完整的肉食龙。永川龙是一种大型的肉食性恐龙。作为一种大型的肉食性动物,永川龙常出没于丛林、湖滨,行为可能与今天的虎、豹类似,性格冷僻,喜欢单独活动。一些性情温和的植食性恐龙常常是永川龙捕猎的对象,一旦被它盯上,就很难逃脱。

永川龙是一种大型食肉恐龙。生活在侏罗纪晚期，主要分布于中国，全长约 11 米，站立时高 2.85 米，最高速度 50 千米/时(图 2-18)。永川龙有一个又大又高的头，略呈三角形。嘴里长满了一排排锋利的牙齿，就像一把把匕首。脖子较短，身体也不长，但尾巴很长，站立时，可以用来支撑身体，奔跑时，则要将尾巴翘起，作为平衡器用。前肢很灵活，指上长着又弯又尖的利爪，后肢又长又粗壮，也生有三趾。常凭借锋利的爪子和牙齿，永川龙一下子就能击倒虚弱的食草恐龙，是个凶残而冷酷的杀手。

图 2-18　永川龙

8.巨型诸城暴龙

巨型诸城暴龙发现于山东诸城。在 2011 年，David W. E. Hone、Corwin Sullivan、赵喜进、徐星、季强、王克柏、李敦景等美国和中国的古生物学家，对这个标本进行描述、命名，模式种是巨型诸城暴龙。它们生存于距今 7350 万—6500 万年。从标本保存的上颌骨和牙齿系列来看，研究人员推测这种暴龙是世界上最大的暴龙类恐龙之一，他们根据最完整的标本，推测这种暴龙长达 11 米、高达 4 米，体重达 6 吨。诸城暴龙有着长腿、大脑袋、短小的前肢(图 2-19)。暴龙类属于兽脚亚目中食肉类恐龙，前肢短小，前肢有二指，用后肢行走，巨大的颌骨具有强大的咬合力，以猎食或腐食为生，主要发现于东亚、北美，生活在白垩纪晚期。巨型诸城暴龙是亚洲已知最大的食肉类恐龙，体型比其近亲特暴龙和惧龙还要大。

图 2-19　巨型诸城暴龙

2.5.2　食杂食的恐龙

似鸵龙和窃蛋龙等似鸟龙类是恐龙的杂食家,它们可觅食的范围很宽,既可以吃肉,也吃植物。它们的食谱有昆虫、蜥蜴、小型哺乳动物、植物的坚果和浆果等。似鸟龙骨骼结构轻盈,奔跑迅速而敏捷,看起来与今天那些大个头的不会飞的鸟类有很多相似之处。

1.似鸟龙

似鸟龙顾名思义就是一种形似鸟的恐龙。是一种出土于北美洲加拿大的小型杂食性恐龙。它体长 1.5 米,长得像现代的鸵鸟,但它性情凶猛,拥有不错的攻击力,这是现代鸟所不具备的(图 2-20)。就体型而言,似鸟龙与盐都龙、芦沟龙差不太多,在已知 774 种恐龙中排第 606 位,生活在距今 8500 万年前的晚白垩世。

似鸟龙是白垩纪晚期的一种兽脚类恐龙,因为长得和大型鸟类非常像,所以才有了"似鸟龙"这个名字。似鸟龙的外形和大型的鸟类,如鸵鸟、鹈鹕等很接近,只是它们还保留着长长的尾巴。似鸟龙的头部比较小,眼睛很大,所以视野开阔,有良好的视力。高大轻巧的体形和强有力的三趾能够让它们飞快地奔跑。

2.似鸵龙

似鸵龙(属名)是一种类似鸵鸟的长腿恐龙,属于兽脚亚目似鸟龙下目,它们生存于晚白垩世的加拿大艾伯塔省和美国新泽西州,距今 7600 万—7000 万年。似鸵龙体长 3.5 米,体重 400 千克。加拿大似鸵龙长得有点像现代鸵鸟，头部很小，颈部细长，身体轻巧，行动十分敏捷(图 2-21)。不过，它身上光秃秃的，几乎没有羽毛，身后还有一条长而僵直的尾巴；

图 2-20　似鸟龙

图 2-21　似鸵龙

前肢较短，指尖有弯曲的尖爪；后肢细长有力，能快速奔跑。它是杂食性恐龙，主要吃植物的种子和果实，也会吃一些小型动物。似鸵龙在恐龙世界中是全速短距离奔跑的能手，似鸵龙意为“模仿鸵鸟的恐龙”。很多科普书籍都称似鸟龙与似鸵龙是同一种恐龙，其实是误解了,似鸵龙的拉丁文是 *Struthiomimus*,意为“模仿鸵鸟的恐龙”。而似鸟龙的拉丁文是 *Saurornithoides*,意为“像鸟似的恐龙”。似鸵龙又不很像鸵鸟,它长着一条长长的尾巴,其长度达到3.5米,占了整个身体的一半还多。这条长尾巴不像它那条可自由弯曲的脖子那样灵活。当似鸵龙飞跑的时候,它就把它的尾巴僵直地伸在后面。如果它要飞快得越过一段崎岖不平的坡地,那么似鸵龙的尾巴会起到保持平衡的作用。似鸵龙脚上长着平直的、狭窄的爪子。这些爪子趴在地上就好像跑鞋上的钉子,可防止这类恐龙全速追赶它们的猎物时脚下打滑。似鸵龙的手臂长而强壮,但前臂骨头不灵活,而手部的第一指可做出与其他两指相对的有限动作。似鸵龙的手部是似鸟龙科中最长的,具有长的指爪。似鸵龙的三根手指长度相当,指爪微弯;亨利・费尔费尔德・奥斯本(Henry Fairfield Osborn)在1917年命名此种动物时,将其手部比喻为树懒的手部。似鸵龙的胫骨长于股骨,显示它们善于奔跑,可能用来逃离掠食动物。在似鸟龙科中,似鸵龙的腿部算是中等修长。脚部修长,跖骨相当窄、具有三个脚趾,上有大幅弯曲的趾爪。

似鸵龙的外表看起来就像鸵鸟一样,但没有羽毛和翅膀,更不能飞(图2-21)。它的行动非常迅速,它能用像鸟一样弯曲的爪子抓住地面,并用轻捷纤长的两条后腿奔跑,到处追捕空中飞过的昆虫和地上跑动的小动物。

3.窃蛋龙

窃蛋龙又名偷蛋龙。1920年,美国纽约自然史博物馆所主导的第三次中央亚细亚考察探险计划,是研究亚洲地质与古生物学有史以来规模最大的行动计划。经过考察队在中国内蒙古以及蒙古国南部戈壁沙漠的成功挖掘,取得了震惊世界的成果。主持该计划的队长安德鲁斯声称:考察发现了有史以来第一批被发现的恐龙蛋与大量新种恐龙。在清理蛋化石时,考察队的技师欧森在蛋旁边上面发现了分散着的肋骨碎片,还有些白色的骨骼,这是成形的关节,四肢与腿骨的一部分。考察队继续在这红色的岩石中深入挖掘,渐渐露出更大的骨骼,甚至还有一个破碎的头骨。这副骨骸非常奇怪,是人类所不知的似鸟类的恐龙。研究中,当时美国自然史博物馆的脊椎古生物学部门主任、著名的古生物学家奥斯本认为,这些蛋可能是原角龙的蛋,当原角龙返回自己窝的时候,发现窃蛋龙正在试图偷窃它的蛋,愤怒之下,原角龙一脚踩碎了窃贼的脑壳。因此缘故,它的名字有如永远的诅咒,“窃蛋龙”(*Oviraptor*),拉丁文的意思是“偷蛋的贼”。但是同样来自美国自然史博物馆的马克・罗维尔博士1993年在同一个地点发现了更多的窃蛋龙化石的身边也有类似的蛋,其中有一个蛋里还有窃蛋龙胚胎的细小骨头,由此可知,窃蛋龙绝对不是偷蛋被杀,而是为了保护自己的蛋,是用它的长爪在呵护着幼小的生命。他还认为窃蛋龙的食谱主要是淡水中的蚌、蛤类,因为在湖泊边缘沉积中有更多的窃蛋龙被发现。至此,70年冤案终于昭雪,但按照古生物化石命名法则,这个被诅咒的名字还得要继续下去,沿用至今。

窃蛋龙生活在白垩纪晚期,身长约两米,大小如鸵鸟,长有尖爪,长尾,推测其运动能力很强,行动敏捷,可以像袋鼠一样用坚韧的尾巴保持身体的平衡,跑起来速度很快(图2-22)。

图 2-22　窃蛋龙孵蛋的状况

窃蛋龙是群体生活在一起的，成年的窃蛋龙把卵产在用泥土筑成的圆锥形的巢穴中。巢穴中心深 1 米，直径 2 米，每个巢穴相距 7～9 米远，它们的个子比较小，有时它们用植物的叶子覆盖在巢穴上，利用植物在腐烂过程中产生孵化所需的热量，进行自然孵化。

窃蛋龙是最像鸟类的恐龙之一。尤其是它们的胸腔拥有数个典型的鸟类特征，包含每个肋骨上都有一个突起物，可使胸腔更坚牢。窃蛋龙的一个近亲天青石龙，曾发现具有尾综骨，尾综骨是种愈合脊椎、可协助固定鸟类尾巴的羽毛。在更原始的窃蛋龙类身上曾发现羽毛压痕，例如尾羽龙与原始祖鸟，显示它们身体上覆盖着大范围的羽毛，以及有羽毛的翅膀与尾巴的羽毛丛。如天青石龙的尾综骨也显示它们拥有尾巴羽毛丛，显示窃蛋龙类普遍拥有羽毛丛。此外，葬火龙标本的孵化姿势，显示它们使用有羽毛翅膀来覆盖恐龙蛋。这些物种与窃蛋龙有非常类似的生理结构特征，所以窃蛋龙极可能也拥有羽毛。

2.5.3　食植物的恐龙

不同时期食植物的恐龙吃的植物也不同。三叠纪时期，食植物的恐龙可以吃的植物主要有针叶树、银杏树、苏铁类植物以及小一些的蕨类植物、木贼和石松等。侏罗纪时期，裸子植物中的苏铁类、松柏类和银杏类极其繁盛；木贼类，密集的松柏、银杏，蕨类共同组成茂密的森林；草本羊齿类和其他草类覆满地面；这些植物都可为植食性恐龙提供充足的食粮。

白垩纪早期的裸子植物和蕨类植物仍占统治地位,松柏、苏铁、银杏、真蕨及有节类组成植物群,被子植物开始出现于早白垩世,中期大量增加。到白垩世晚期在陆生植物中居统治地位,三毛榉、榕树、木兰、枫、栎、杨、樟、胡桃、枫和许多开花植物及灌木等都已出现,接近新生代植物面貌。这些陆生植物可满足不同时期、不同类型恐龙食用。

1.早期的巨大素食者——板龙、禄丰龙

1)板龙

食用植物的板龙是地球上第一种巨型恐龙,他们生活在 2.1 亿年前的欧洲大陆上,属蜥脚类恐龙。而生活于 1.8 亿年前的我国云南禄丰盆地的禄丰龙则是板龙的亚洲亲戚。在这些早期素食者之前,最大的吃草类动物的身材就像一头猪那样大小,而板龙和禄丰龙有一辆公交车那样长。板龙和禄丰龙能用四肢爬行,也可以靠两条腿直立起来(图 2-23)。板龙和禄丰龙都具有树叶状的牙齿,它们用这样的牙齿从树枝上扯下树叶和嫩枝。板龙和禄丰龙都有一双硕大的镰刀状的拇指状爪子,这种大爪比一般的肉食性恐龙的爪子更加锐利,受到攻击时,就充分显示出防卫的能力。这双拇指爪勾下树枝,收拢树叶,就像庭院里搂草的耙子。

图 2-23　板龙

2)中国第一龙——许氏禄丰龙

禄丰龙是在中国找到的第一具完整的恐龙化石,因化石发现于中国云南省禄丰而得名,还被誉为板龙的亚洲兄弟。生存于距今约 1.8 亿年的早侏罗纪时期。根据出土的化石进行复原的禄丰龙长得酷似板龙。我国古脊椎动物学家认为禄丰龙有两个种,即许氏禄丰

龙和巨型禄丰龙。其中，许氏禄丰龙全长5.5米，站起来有2米高，脖子相当长，约为背长的80%，眼眶较大（图2-24）。巨型禄丰龙骨骼结构与许氏禄丰龙极为相近，但是体型要比许氏禄丰龙大1/3。

图2-24　中国人发现的第一条恐龙——许氏禄丰龙

禄丰龙的身体结构笨重，体长为6~7米，大小中等。头骨较小，只相当于尾部前三个半脊椎长。鼻孔呈三角形，眼前孔小而短高，眼眶大而圆。牙齿小，不尖锐，牙冠微微扁平，前后缘皆具边缘锯齿。肩胛骨细长，胸骨发达，肠骨短，耻骨及坐骨均细弱，禄丰龙的长尾可以当作武器，还可以起到平衡身体前部重量的作用，以帮助头和脖颈抬起。并且在困倦时，它们还可以把尾巴拖到地上，与两条后腿构成一个相当稳定的三脚支架，然后就放心地闭上眼睛打个盹。

禄丰龙是浅水区生活的恐龙，主要以植物叶或柔软藻类为食，多以两足方式行走，但在进食和在岸边休息时，前肢也落地并辅助后肢和吻部的活动。如果遇到肉食恐龙前来侵害，禄丰龙便迅速逃跑，但它们也可挥动粗大的尾巴，把张牙舞爪的“进攻者”打昏，或者将其置于死地。

许氏禄丰龙被誉为“中国第一龙”，出土在战火纷飞的年代，现在讲述一下许氏禄丰龙的故事。许氏禄丰龙发现的这个故事要从1937年卢沟桥事变爆发开始说起，是中国人民抗日战争的全面爆发时间，半个中华大地炮火纷飞、硝烟弥漫，是中华民族最危险的时刻。由于东北部国土的沦丧，很多大学都向西南内地迁移，我国古脊椎动物学的开拓者和奠基人杨钟健院士（图2-25），也就是在这样的情况下，离开北平来到了西南大后方。1938年冬天，地质学家卞美年和王存义在野外调查中，发现当地人家里的油灯很有意思，卞美年一眼就看出这种被称为“龙骨油灯”的器具是由古生物的脊椎骨化石做成的。他请向导将他带到了当地人采集龙骨油灯的地方，在这里卞先生发现了不少古生物化石，并采集了一些化石样品，带回去给杨钟健先生过目。作为中国古生物学界泰斗的杨先生凭借着丰富的经验，认定这些化石极有可能是属于某种恐龙的骨化石。一年后，杨钟健与卞美年等人再次赴禄丰考察，又发现了新的化石地点。他们随即开展了一个多月的发掘工作，获得了大量的动物化石和丰富的野外地质资料,所发现的化石动物群被称为禄丰龙动物群,其中最著名的就是许氏禄丰龙。许氏禄丰龙的研究论文发表于 1941 年。

图 2-25　中国著名的古生物学家杨钟健院士

1944 年 12 月,中国西部博物馆在北碚文星湾建成。中央地质调查所作为筹备单位之一,负责其中地质博物馆的布陈,将许氏禄丰龙化石骨架安置在该馆的陈列大厅里。1946 年,中央地质调查所迁回南京,许氏禄丰龙也被转运到了南京。中华人民共和国成立以后,中国科学院古脊椎动物与古人类研究所在北京成立,许氏禄丰龙又被转运到了北京,架立在该所的标本馆内。1994 年,该所创建了“中国古动物馆”,从此,许氏禄丰龙与其他 10 多条恐龙骨架一起构成了中国古动物馆的基本展品。1958 年,中华人民共和国邮政总局发行了一套三枚古生物纪念邮票。其中一枚是许氏禄丰龙的骨架和复原图,这枚邮票是全世界发行的第一枚恐龙邮票。这就是“中国第一龙”——许氏禄丰龙的故事。

许氏禄丰龙,是指在云南禄丰发现的,我国也有不少的恐龙和其他古生物是以发现地的名字命名的,也使用对于发现过程有重大贡献,或者提供了学术和经济上的支持的人的名字命名新物种,这是学界普遍的做法。比如蜀龙、乌尔禾剑龙等等。而许氏是杨钟健先生的老师,德国著名古生物学家弗里德里克·冯·许纳(Friedrich von Huene)。

2. 长脖子的蜥脚类恐龙

1) 马门溪龙

在 1 亿多年前的中国大地上,到处漫游着一些巨大的长脖子蜥脚类怪兽,其中主要是马门溪龙和峨眉龙,它们是素食者。马门溪龙和峨眉龙的脖子长得令人惊异,以致它们站立起后,昂起长长的脖子时,便可以吃到参天大树上的叶子。马门溪龙是世界上最大的恐龙之一,也是世界上脖子最长的恐龙,它们的身长约有 22 米,脖子几乎占了身体长度的一半。它的颈部是由 19 块中空的颈椎骨组成,粗壮的颈部肌肉附着在上面,使它的长脖子既轻又强劲有力,且扭动自如。它的前肢和后腿十分强壮,长尾巴的末端可以像辫子一样用来抽打向它攻击的敌人(图 2-26)。

下面讲述一下马门溪龙的故事。说到恐龙,许多人脑海里冒出来的就是长脖子和大身体的形象。早在亿万年前的侏罗纪,在四川盆地和新疆平原就曾漫步着一群世界上脖子最长的恐龙:马门溪龙。作为中国最著名的恐龙之一,马门溪龙可谓是长脖子的大明星。

图 2-26 马门溪龙

1952 年,一支工程队在四川省宜宾市马鸣溪渡口旁修建公路。一座大山挡住了施工路线,工程队决定用炸药把山体炸开。随着爆破轰鸣,大量石块纷纷滚落,工程队着手清理碎石时发现了埋在山中的骨头化石。面对这些硕大的化石,工人们面面相觑,赶忙上报当地政府。当地政府高度重视,权衡再三后决定暂停工程,一方面派人保护好现场,另一方面去北京请相关的古生物学家来进行研究。

在北京进行研究的古生物学家杨钟健听到这个消息以后大喜不已,立即组织了一支科考队前往宜宾。这位杨钟健老师可不简单,他可是中国近代古生物学的奠基人,换句话说就是中国恐龙研究的祖师爷!杨先生带领的科研团队通过仔细挖掘,认真清理后,越来越多巨大的化石从地下暴露出来。经过两年多的努力,当他们把挖掘出来的骨头一块块组装起来时,一条长达 13 米的巨龙出现在大家的面前,这是当时中国发现的最大也是最完整的恐龙化石。当被问到该给这种恐龙取个什么名时,杨钟健老师依据常用的命名原则——以发现地名来命名,说那就叫马鸣溪龙吧。看到这里,你们肯定想问:不是在马鸣溪发现的吗?为啥现在都叫它马门溪龙?原来杨老师是个陕西人,说话带点口音,明明说的是“马鸣溪”,可工作人员听成了“马门溪”。于是工作人员就误把“马鸣溪龙”记录成“马门溪龙”。根据物种命名法,已经确认学名的物种没法改名,于是大家就将错就错。而马门溪龙的口误也成为中国恐龙研究史上有趣的小插曲(图 2-27)。

图 2-27　杨钟健院士研究的恐龙肱骨化石

2）峨眉龙

峨眉龙从外表上看很像马门溪龙，是马门溪龙的近亲。峨眉龙出现的时间稍早，体型比马门溪龙小，身长和三辆公共汽车的总长差不多，可达 18 米（图 2-28）。它有一条像蛇一样细长的脖子，由 17 块坚硬而中空的颈椎骨组成。靠这个细长的脖子，它可以吃到 10 米高的树梢上的叶子。

图 2-28　峨眉龙细长的脖子

3.短脖子的蜥脚类恐龙——圆顶龙和蜀龙

恐龙时代的中期，地球上还出现过许多脖子较短的蜥脚类恐龙，如美洲的圆顶龙、中国的蜀龙和巧龙等。它们的四肢和尾巴也是又粗又短，但是躯体较大。这些恐龙是素食者，由于脖子短，身体也不高，所以它们靠吃树身上的低矮处的枝叶为生。而把树顶部的嫩叶留给了高大的其他恐龙，如带尾锤的蜀龙。

1）圆顶龙

圆顶龙是北美洲最著名的恐龙之一。它名字的拉丁文意思为圆顶状的爬行动物。它们属于素食恐龙，生活在侏罗纪晚期，距今 1.55 亿～1.45 亿年。与蜥脚类家族中其他身材高大的亲戚相比，圆顶龙显得相对矮小（图 2-29）。

圆顶龙是群居动物,它们不做窝,而是一边走路一边生小恐龙,生出的恐龙蛋形成一条线。圆顶龙还是草食动物,它们吃蕨类等植物的叶子,吃东西时,它们不嚼,而是将叶子整片吞下。圆顶龙有个非常强壮的消化系统,它会吞下砂石来帮助消化胃里其他坚硬的植物,食植物的圆顶龙腿像树干那样粗壮,可以稳稳地支撑起它全身巨大的体重。

圆顶龙代表了蜥脚类的一个演化支系,形态上与蜀龙有很多相同之处。表现在外形上,主要是脖子比躯干长不了多少,而躯干很壮。其实,这类动物最大的特征是头骨上开孔大,结构较为轻巧,两个鼻孔分别开在头骨的两侧,口中生着勺形的牙齿。圆顶龙已是一种较为进步的蜥脚类,不仅体形大,体长可达 18 米,体重可达 30 吨,而且在骨骼上已演化出协调巨大体重的结构;腿骨粗壮圆实,适于承重;脊椎骨坑凹发达,显得轻便。这种动物的勺型牙齿较为粗大,当磨损坏了时,它还能长出新的牙来代替原来的旧牙。从牙齿严重磨蚀的情况看,它也能吃些质地粗糙的食物。

图 2-29　圆顶龙

2)带尾锤的蜀龙

李氏蜀龙是一种中等大小的短颈型原始蜥脚类恐龙,生活在 1.9 亿年前的中国四川,是大山铺恐龙动物群中最主要的成员。它的身长 12~13 米,其主要特点是头中等大小,牙齿勺状,颈子较短,由 13 个颈椎组成,其神经弓和神经棘低,椎体构造简单。背椎神经棘高,荐椎 4 个愈合。尾巴较长,最末 3~5 个尾椎愈合膨大形成尾锤,前肢短于后肢,下肢短于上肢,四足行走。它的后肢比前肢长,脚趾骨没有减少,说明它是一种原始类型。它的前三个脚趾的末端具爪。通常在河畔和湖滨地带生活,以柔嫩多汁的植物为食。由于身体比较笨重,柱子一样的四肢移动缓慢,也时常遭遇危险。幸运的是它长长的肌肉发达,尾巴末端生有一个骨质的尾锤,当它受到攻击时,便挥舞起长尾,显示尾锤的威力(图 2-30)。

这是一组保存完整的李氏蜀龙尾锤(17 厘米×13 厘米×10 厘米)(图 2-31),展现了最后几个尾椎逐渐膨大并相互愈合形成尾锤的过程。这是蜥脚类恐龙尾锤在世界上的首次发现,它改变了蜥脚类恐龙不具备主动防御能力的传统观点,同时也为蜥脚类恐龙营陆生生活提供了重要化石证据。现收藏于自贡恐龙博物馆。

图 2-30　蜀龙

图 2-31　李氏蜀龙的尾锤化石

2.6　形态奇特的恐龙

2.6.1　带骨板的恐龙——中国沱江龙(剑龙)

在恐龙时代的中期(距今大约 1.4 亿年),有一种恐龙的背上从头至尾布满了成对的剑刺般的骨板,尾梢上还带有几对寒光闪闪的大骨刺。这就是十分容易识别的剑龙类恐龙

（图 2-32）。所有的剑龙类恐龙都是头小身子大，它们看上去很凶猛，其实却是一种很温顺的食草性动物。剑龙长着一个像鸟一样的尖喙，喙里没有牙齿，但嘴里的两侧有些小牙。它们居住在平原上，并以群体游牧的方式和其他等食草动物（如梁龙）一同生活。剑龙所在侏罗纪晚期植物物种丰富，且在地理上分布广泛。古生物学家认为剑龙所吃的食物包括了苔藓、蕨类、木贼、苏铁、松柏与一些果实。同时由于缺乏咀嚼能力，因此它们也会吞下胃石，以帮助肠胃消化食物，这种行为与现代的鸟类及鳄鱼有些相似。

图 2-32　剑龙

剑龙的背板就像一块太阳能板，可以用来采集阳光，吸收热量。这些背板中有丰富的血管构造，当背板之中血液的温度升上来后，热量就通过血管流满全身，就像水在暖气管中，当它们身体过热时，多余的热量又可以通过这些背板散发到空气中去。剑龙走路时用 4 条腿，前腿比后腿短，前腿有五个脚趾，而后腿只有三个脚趾。剑龙的化石在欧洲、北美、东非及东亚都有发现。其中以亚洲发现最多，而亚洲的剑龙大部分发现于我国，产地主要分布在四川、重庆、新疆、内蒙古、西藏等地。据统计迄今已发现 9 个不同种类，占世界已知总数的一半，使中国成为世界上剑龙类化石蕴藏最丰富的国家，含盖了 5 个不同演化阶段的剑龙化石，尤其是早、中侏罗世原始类型在我国的发现，更为东亚是剑龙类的发源地和最主要的演化中心的理论提供了重要的化石依据。

2.6.2　身披坚甲的恐龙——甲龙

甲龙类恐龙像辆装甲车，它们的头部短而宽，身体较贴近地面，颈部相当短，沉重的桶状身躯由四条健壮又直立的腿来支撑，尾巴相当长而且肌肉发达。瘤状骨甲覆盖在头部、颈部、背部和身体两侧,有些甚至覆盖到腹部。它们依靠这些骨质甲来保护自己。甲龙类恐龙在恐龙时代后期取代了剑龙类,成为那时期数量最多、吃低处植物并以四脚行走的恐龙。甲龙家族有两大类成员:蜥结节龙科和甲龙科。

甲龙是由美国古生物学家巴纳姆·布朗于 1908 年所命名。属名是由古希腊文的"αγκυλο"(意即"屈曲的")而来。布朗定这些名字是与医学的关节僵硬有关,意指它头颅骨及身体上很多骨头的愈合。模式种是大面甲龙,是由拉丁文的"magnus"(意即"大")及"venter"(意即"鼓起的部分"),指它身体的宽阔。

1.蜥结龙科甲龙

蜥结龙生存于白垩纪晚期,长约 6.25 米,宽 1.5 米,高 1.7 米。与大部分现代的陆地动物相比,是非常大型的。它的体型扁平而宽,四足行走,后肢较前肢为长,已知最大的头颅骨有 64.5 厘米长及 74.3 厘米宽,它的骨质、钉状的骨板能够发挥御敌作用。甲龙是草食性的,有着很小,形状像树叶的牙齿,适合啮碎植物(图 2-33)。蜥结龙是一种性情温和的植食性恐龙,它的头骨呈三角形,向口鼻方向逐渐变尖,头顶很厚,非常平坦,而不是圆顶,因为被平坦的骨质骨板覆盖,所以蜥结类的颅骨没有缝隙。蜥结龙身躯较为庞大,四肢像四根粗壮的柱子,用来支撑身体的重量,尾巴很细,末端也没有骨锤。

图 2-33　身披坚甲的甲龙

2.带有尾锤的甲龙科恐龙

甲龙科恐龙具有较宽阔的头骨,它们身上的甲刺不如结节龙科恐龙身上的多,然而它们却有一条强壮的带尾锤的尾巴,这尾巴是由一块骨骼结合在一起的,最后在尾端形成一个锤状隆起(图 2-34)。甲龙在遇到袭击时,就调转身体,挥起大尾锤砸向对方,这时就是凶暴的霸王龙也会被它砸到。

图 2-34　带尾锤的甲龙科恐龙

2.6.3　头部和嘴巴奇特的恐龙——鸭嘴龙

鸭嘴龙(*hadrosaurs*),生存于大约 0.65 亿年前的白垩纪晚期,这是恐龙演化发展的顶峰时代,因此其数量很多,约占植食性恐龙中的 75%。它们是一类较大型的鸟臀类恐龙。目前发现最大型的身长超过 21 米。它们的腿部有三根趾头,后腿长而有力,前腿则较小且无力。鸭嘴龙许多种类的最大特征就是头上密布的冠饰。鸭嘴龙的吻部由于前上颌骨和前齿骨的延伸和横向扩展,构成了宽阔的鸭状吻端,故名鸭嘴龙(图 2-35)。

图 2-35　鸭嘴龙

鸭嘴龙是鸟脚类恐龙中最进步的一大类。在亚洲及北美洲等地，晚白垩世的鸭嘴龙化石到处都有发现。鸭嘴龙是北美最早发掘记录的一种恐龙。加拿大北部努纳武特地区发现的一具鸭嘴龙化石，可能是迄今人类在地球最北的地方发现的恐龙化石。在中国除山东外，在内蒙古、宁夏、黑龙江、新疆、四川等地也曾发现不少鸭嘴龙化石。

在白垩纪晚期，地球处于一个动荡的年代，陆地逐步在扩大，植物种类也随之增多，这就为植食类的恐龙提供了一个可以吃遍天下的有利环境，由此使两肢行走的植食类恐龙繁衍进入到最高峰时代，鸭嘴龙就是这一时代的产物。它们是鸟脚类中体形硕大的家族，为了能大量嚼食植物而形成的像鸭嘴一样宽扁的吻部以及颌骨两侧排列着众多的牙齿等为其特征。鸭嘴龙类一般分为头上无突起冠状顶饰的鸭嘴龙科和带有中空骨冠的兰氏龙科两大族群。它们当中既有"光头"的，也有"戴帽"的，多以四肢行走，视力较好。尽管身无御敌武器，但远远就能看清敌友，偶尔遇到像霸王龙这样的死敌，也可以快速逃生。它们在白垩纪早期结束时开始出现在大地上，到了白垩纪晚期在北半球非常繁盛。一般认为鸭嘴龙类大都过着哺乳子女的群居生活。

鸭嘴龙类可分为两大类群：一类是头顶光平，头骨构造正常的平头类（如巨型山东龙）；另一类是头上有各种形状的棘或棒型突起，鼻骨或额骨变化较多的栉龙类，如棘鼻青岛龙（*Tsintaosaurus spinorhinus*），它是我国发现的最著名的有顶饰的鸭嘴龙化石之一，也是我国首次发现的完整的恐龙化石。由于它是在青岛附近的莱阳市金刚口村西沟发现的，头上又有棘鼻状的顶饰，所以得名棘鼻青岛龙。除此之外还有比较原始的鸭嘴龙及前颌骨和鼻骨特化成盔状的鸭嘴龙。

1.头顶有竖管的棘鼻青岛龙

棘鼻青岛龙化石所处的地层的时代为白垩纪晚期。它的身长为 6.62 米，身高 4.9 米，坐骨末端呈足状扩大，肠骨上部隆起，在荐椎腹侧中间有明显的直棱，后面呈现沟状，顶饰实际上是在相当靠后的鼻骨上长着的一条带棱的棒状棘，很像独角兽的角，从两眼之间直直地向前伸出，估计它活着时体重为 6~7 吨，但脑容量很小，仅有 200~300 毫升（图 2-36）。鼻骨上有一条长棘，棘中空与鼻腔相通。可能用于储藏空气，以延长潜水时间；也可能用于自卫或排除水面障碍物。青岛龙是有顶饰的鸭嘴龙类。

2.漂亮的似棘龙（属副栉龙属）

副栉龙又名拟栉龙、似棘龙、拟棘龙，意为"几乎有冠饰的蜥蜴"，是鸭嘴龙科的一属，生存于晚白垩世的北美洲，距今 7600 万—7300 万年。副栉龙的化石发现于亚伯达省、新墨西哥州、犹他州。副栉龙是种草食性恐龙，可以二足或四足方式行走（图 2-37）。

副栉龙是一种鸟脚类恐龙。它们生活在白垩纪的晚期，是鸭嘴龙类恐龙的典型代表。副栉龙最为显著的特征是其头上延伸出来的头冠，这个头冠呈棒状，比其他有头冠的恐龙的要长。对于副栉龙头冠的作用还没有一个统一的认识，但是大多数人认为这个头冠应该是它的发声器，可以用来报警或求救。不过这个发声器会因为年龄、性别的不同而不同。

副栉龙的前肢十分健壮,既可以在行走的时候用来支撑身体,又可以用来游泳和涉水。它们以植物为食,在进食的过程中,副栉龙会保持警惕性,一旦发现敌害靠近,它们就会迅速地逃离。副栉龙灰暗的皮肤也是躲避肉食性恐龙袭击的有效工具。当它们置身于暗夜或丛林中,就像变色龙一样,身体颜色与周围环境融为一体,很难被掠食者发现。

图 2-36　头顶有坚管的棘鼻青岛龙

图 2-37　漂亮的似棘龙

3.头上戴冠的恐龙——冠龙

冠龙又叫盔龙或者鸡冠龙，是一种鸟脚类恐龙，因为头上有一个很像鸡冠的骨质头冠而得名。它们的体型比较大，身体全长可以达 10 米，体重约为 5 吨(图 2-38)。冠龙牙齿能够轻松地对付比较坚硬的食物，使自己不至于饿肚子。尽管跑动起来的冠龙像一辆公共汽车一般呼啸而过，带起的尘土能震慑敌人，但是性情温和的它们真的很不善于同其他的恐龙一争高下。每当一些大型的食肉恐龙来袭时，食草的冠龙常常会退避三舍，不参与任何的争斗。

冠龙生活在约 7500 万年前，学名意为"头盔蜥蜴"，是鸭嘴龙科赖氏龙亚科下的一属。曾经发现过冠龙表皮的化石，它的表皮长得非常凹凸不平。冠龙是种大型恐龙，长着像鸭子一样的脸。头顶上有个中空的冠子，雄性的头冠比雌性的大些。它行走时用两条腿，前臂短一些，尾巴又长又粗，跑得很快。冠龙用没牙的喙嘴咬断细枝或树叶、松针，然后放入它后面成排的牙齿间咀嚼。大约有一辆公共汽车长的冠龙，走路靠后腿，用较短的前腿支撑身体。它的脚趾上没有锋利的爪，所以它无法抵御食肉恐龙的袭击。

图 2-38　头上戴冠的冠龙

4.巨型山东龙

鸭嘴龙在我国发现过很多化石。在没有顶饰的恐龙中，最著名的莫过于在山东诸城吕标乡的龙骨涧发现的巨型山东龙了，高 8 米，长 15 米。头顶部光平无顶饰是平头鸭嘴龙的代表。1964 年 8 月，地质部第一普查大队在龙骨涧发现了一根巨大的腿骨，经鉴定是一种大型鸭嘴龙的胫骨。从 1964 年至 1968 年,由地质部第一普查大队、地质科学研究院、地质博物馆组成了联合发掘队,先后对该地区进行了四次系统的采集与发掘,共采集将近 30 吨重的标本。又经过将近 3 年的修复整理,在 1972 年经地质博物馆研究员胡承志先生研究,将其定名为巨型山东龙(图 2-39)。由于它的体型空前庞大,是迄今为止世界上发现的体型最高大的鸭嘴龙,从头到尾有 15 米长,站起来有 8 米高,再加上它是首次在山东境内发现的,所以得名。巨型山东龙与在美国和加拿大发现的埃德蒙顿龙相似,进一步证明当巨型山东龙在亚洲大地上漫游时,北美大陆与亚洲大陆是连在一起的,为此也证明了地质学界所推崇的大陆漂移及板块构造学说的正确性。

图 2-39　巨型山东龙

2.6.4　禽龙

禽龙,学名 *Iguanodon*,意为"鬣蜥的牙齿",属于蜥形纲鸟臀目鸟脚下目的禽龙类。禽龙是种大型鸟脚类恐龙,身长 9~10 米,高 4~5 米,前手拇指有一尖爪,可能用来抵抗掠食者。它们主要生活在侏罗纪和白垩纪(距今 2 亿—6500 万年),属大型恐龙,后肢发达,直立高约 5 米,从头部至尾尖长 11 米(图 2-40)。尾巴粗重,起平衡作用。素食,舌长,利牙锯齿状,用以撕扯和切碎树叶。

2.6.5　棱齿龙

棱齿龙是种相当小的恐龙,头部只有成人的拳头大小。虽然没有细颚龙那般小,但棱齿龙身长只有 1.3 米。棱齿龙的高度只达到成年人类的腰部,重达 50~70 千克。

图 2-40　禽龙

图 2-41　棱齿龙

如同大部分小型恐龙,棱齿龙是二足恐龙,并以二足奔跑。棱齿龙的体型适合奔跑:重量轻、迷你骨骸、体型低、气动性体型、长腿、作为平衡用的硬挺尾巴(图 2-41)。因为棱齿龙的体型小,它们以高度低的植被为食,极可能类似现代鹿以幼枝与根部为食的行为。根据棱齿龙头颅骨的结构,以及位在颌部后方的牙齿,显示棱齿龙有颊部,这种先进结构可帮助咀嚼食物。棱齿龙的颌部有 28~30 颗棱状牙齿,上下颌的牙齿形成一个很好的咀嚼面,而且颌部铰关节低于齿列,当上颌向外移动时,下颌会反向朝内移动,上下齿列便会不断互相磨合,棱齿龙可能借由这个方法,自行轮流磨尖这些牙齿。如同所有鸟臀目,这些动物的牙齿是不停地生长出来。

尽管棱齿龙生存于恐龙时代最后一期白垩纪,它们仍拥有许多原始特征。例如,棱齿龙每个手掌有五个指骨,每个脚掌有四个指骨。大部分恐龙到了白垩纪就失去这些多余的特征。虽然棱齿龙的喙状嘴如同大部分鸟臀目的嘴部,它们的颌部前方仍拥有三角形牙齿。大部分恐龙到了这个时代,都失去了前部的牙齿。但对于棱齿龙的前部牙齿,是否具有特殊功能仍在争论中。

2.6.6　肿头龙

肿头龙生活在 6700 万年前,体长 5 米左右,头顶肿大,好像长着一个巨瘤,用两条粗壮的后腿走路,是鸟脚类恐龙的一种,重量可达 2 吨(图 2-42)。脸部与口部饰以角质或骨质突起的棘状物或肿瘤;而头颅背部覆以突起的沟,头骨顶部出奇的肿厚、隆起,厚度达 25 厘米。由于头骨肿厚,头骨上的部分孔洞也封闭了。肿头龙在希腊文意为“有厚头的蜥蜴”,主要生活在山地的内陆平原。肿头龙可能喜欢过群体生活。成年雄性个体通过撞头确定群体的领袖(图 2-43)。不过肿头龙的厚头部并不能帮助它抵抗掠食者的袭击,它有敏锐的嗅觉和视觉,当发现敌人时,会快速逃离。

图 2-42　肿头龙

图 2-43　肿头龙在格斗

目前,人们还无法确定肿头龙到底吃些什么食物,因为与同时代的鸭嘴龙类恐龙和鱼龙类恐龙不同的是,肿头龙的牙齿比较锐利,但小而有脊。这样的牙齿不能够嚼烂纤维丰富的坚韧植物。所以肿头龙的食谱上可能包括了这样一些食物种类,如植物种子、果实和柔软的叶子等,甚至当时的昆虫也可能是它的食物之一。

2.6.7　脸上长角的恐龙——三角龙

大约在白垩纪中晚期(距今 0.85 亿年),一种新型的恐龙品种逐步形成,这就是角龙,或称有角的恐龙。最初它们体形十分小,身长在 1.8 米左右。但是它们迅速在亚洲和北美洲繁衍,变得越来越大,而且数量也迅速增多。最大的角龙是三角龙,身长 9 米以上(图 2-44)。到 6500 万年前,角龙已经成为恐龙中数量最多的种。科学家已经确定出大约 30 类角龙,或许还有很多其他种类的角龙恐龙。

角龙最大的特点是除了原始的种类外,头上都有数目不等的角。此外,还有从头骨后端向后长出的一个宽大骨质颈盾,覆盖了颈部,有的甚至达到肩部。角和颈盾无疑具有防御和保护自身的作用。

鸟臀类角龙亚目,头大,颈部有皱褶状突起。头上长角。吻部细,具尖喙。外形有些像现代的犀牛,体形粗壮。四足行走,前肢短于后肢,草食性动物。角龙的化石往往成群地被发现,可见它们生前有群体生活习性,可能也会成群结队地对抗肉食性恐龙(图 2-45)。作为角龙类的“代表人物”,三角龙是恐龙史上知名度持平霸王龙的一种奇特恐龙,长着怪异的角,长长的颈盾和粗壮的身体,但是这也有时候改变不了自己是霸王龙食物的事实。

图 2-44　三角龙

⬇图 2-45　霸王龙与角龙格斗

第3篇
郧龙家园的前世
——恐龙化石与恐龙蛋化石

3.1 郧阳恐龙家园的恐龙化石概况

3.1.1 恐龙化石产地概况

目前已在郧阳发现的恐龙化石,主要埋藏在湖北省郧阳区(原郧县)与河南省淅川县交界处的梅铺镇李家沟、贾沟、赵沟和杨营一带。产地位于鄂豫边界的丘陵低山区,淅川盆地西南边缘。行政隶属湖北省十堰市郧阳区梅铺镇李家沟村,距郧阳区城关约 90 千米,有乡村公路通向化石产地(图 3-1)。

图 3-1 李家沟村恐龙化石产地交通位置图

3.1.2 恐龙化石发掘概况

1997 年 7 月 23 日,李家沟村民在平整土地时在炸出的泥土中发现了一些动物骨骼,化石埋藏在上白垩统马家村组中段灰绿色含钙质泥质粉砂岩中。经地质调查,目前已发现 2 个产化石层,共 7 个化石点(图 3-2、图 3-3),分布面积约 2.5 平方千米,以下化石层骨骼化石保存多且相对完好。郧阳恐龙骨骼化石发现后,为了保证骨骼化石的完整性,经地质矿产部批准,湖北省地质矿产厅委托湖北地质博物馆对 1 号、2 号化石点曾遭爆破的部分进行了二次抢救性发掘(1997 年 9 月 5 日至 1998 年 2 月 9 日、2002 年 10 月至 2003 年 1 月),在不到 1000 平方米的范围内,共发掘出较完整的骨化石 399 块、不完整骨化石数百块(图 3-4)。

据股骨数推测，1 号、2 号、6 号发掘点中埋藏了大小种类不同的 8 具以上的恐龙个体骨化石。经过对化石进行清理、上胶保护、对化石进行拍照、测量、素描、登记完毕后，进行打包、编号，直接运回到梅铺镇委会办公楼保管。

图 3-2　李家沟村恐龙化石埋藏地 1 号、2 号、6 号化石点

图 3-3　李家沟恐龙化石埋藏地 3 号、4 号、5 号化石点

图 3-4　李家沟 1 号化石点发掘现场

打包化石于 1998 年 10 月从郧县(今郧阳区)梅铺镇运回湖北地质博物馆室内,1999 年 3 月开始进行拆包修复,至 2000 年 6 月修复工作基本结束,共拆除化石包 227 个,修理出比较完整的恐龙化石 399 块、不完整化石数百块,其中,椎骨:包括颈椎、躯椎、尾椎较完好者 91 节(无神经棘),部分破缺者 85 节,神经棘 10 块;肢骨:包括前肢、后肢较完好者 68 根,半截 42 根;乌喙骨:较完好者 3 块,残缺者 6 块;腰带骨:较完好者 9 根,部分残破者 30 块;上颌骨、环椎间椎体各 1 块,原环椎体 2 块;肋骨:比较完好者 2 根,断节多于 100 节(图 1-4、图 3-5)。其他碎骨数百块中,内含少量待定头骨碎片。根据股骨数,推测发掘点曾埋藏了大小、种类不同的 8 个以上恐龙个体的部分骨骼(含蜥臀类和鸟臀类骨骼),没有发现一具较为完整的恐龙骨骼化石。

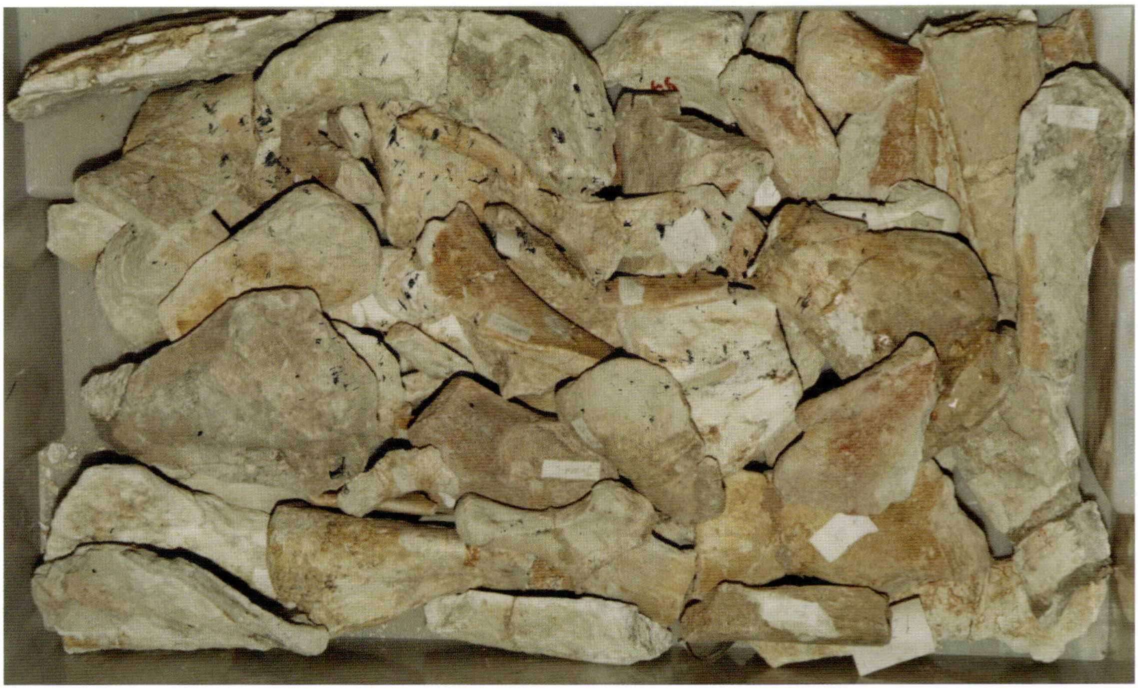

图 3-5　待修复的恐龙化石

经对 1 号、2 号化石点发掘出来的骨化石初步分类结果,已发掘出土的骨化石种群类型较丰富,分属于鸟臀目禽龙亚目、蜥臀目蜥脚形亚目和兽脚亚目。已初步定属种的有巴克龙、华北龙等前人已定属定种的骨骼化石,也有如李家沟龙(暂定名)和湖北郧县龙(暂定名)这种可能是新属新种的恐龙化石(见图版Ⅰ、图版Ⅱ、图版Ⅲ、图版Ⅳ、图版Ⅴ)。这些资料证明,湖北郧县梅铺李家沟—杨营一带晚白垩世地层中沉积了十分丰富的恐龙骨骼化石,且种类复杂繁多,是湖北境内具有重大科学研究意义化石的又一新发现。此外,在郧县梅铺镇李家沟—杨营一带,不仅埋藏了丰富的恐龙骨化石,且在离骨化石埋藏地不足 500 米的草帽岭的同一层位中,还发现了大量的恐龙蛋化石,且蛋化石种类也十分丰富。据《走进恐龙蛋世界》(作者周世全,2010 年出版)已定属定种的恐龙蛋化石达 5 种。丰富的骨化石和蛋化石埋藏在同一区域的同一地层中,不仅填补了湖北境内有恐龙蛋化石没有恐龙骨化石的空白,也为开展恐龙骨化石和恐龙蛋化石的对应研究提供了科研基地。

3.1.3　恐龙化石产出地层特征

淅川盆地处于秦岭海西褶皱带中部,主体由荆紫关和滔河两拗陷组成,呈北西—南东向延伸,受北西—南东向构造控制,形成长 36 千米、宽约 13 千米,北西窄、南东宽的呈箕状的断陷盆地。盆地南、北边界为震旦纪和古生代地层,盆地中心沉积了晚白垩纪和新近纪地层。研究区恐龙骨化石产地位于淅川盆地滔河拗陷的南西缘(图 3-6)。

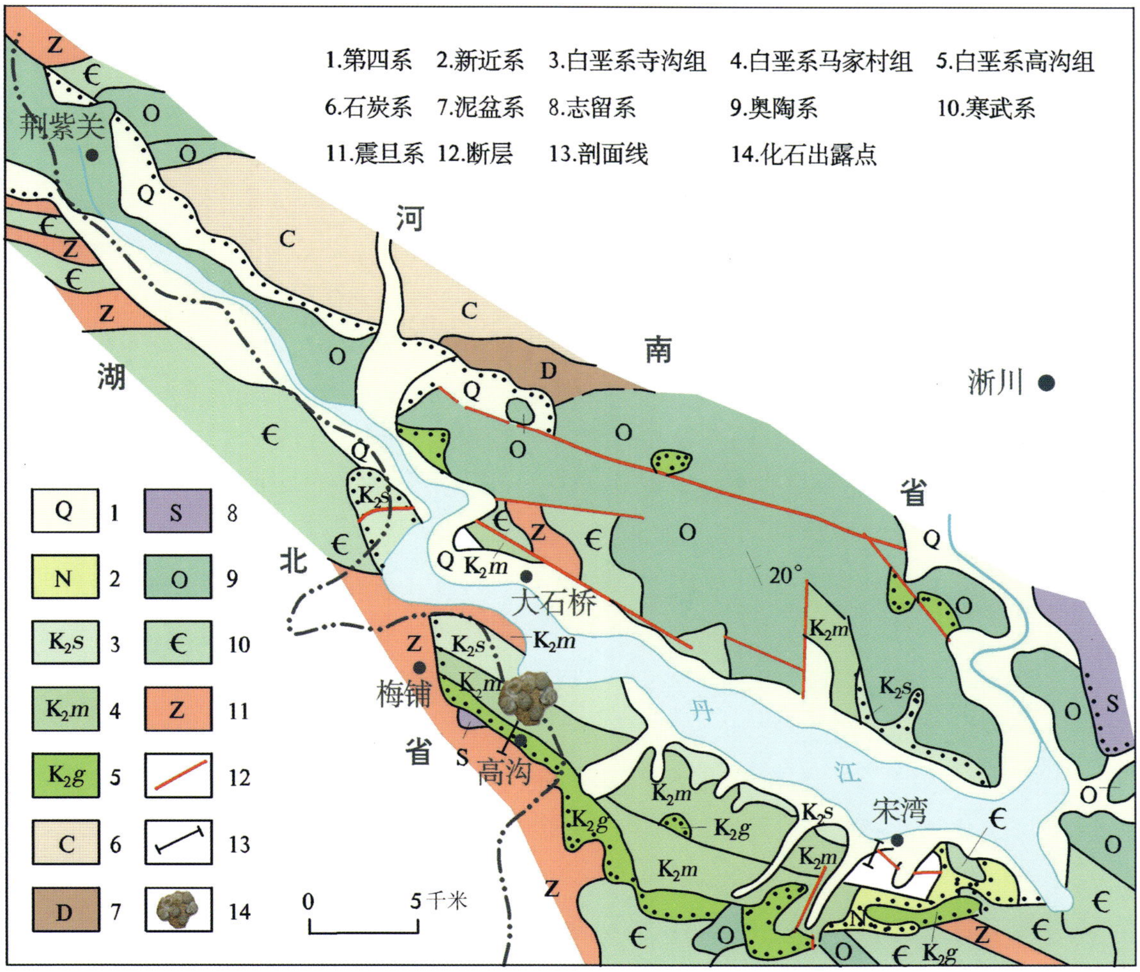

图 3-6　淅川盆地地质略图

恐龙化石分布区地处鄂豫边界低山区,目前尚未发现颇具经济价值的矿产,加之交通不甚便利,以往地质工作程度较低。据《河南省地质志》,1959—1961 年,北京地质学院在进行 1 : 20 万区调时,将研究区红层划归下第三系。1974 年,河南省地质局第 12 地质队在淅川盆地红层开展找盐工作,首次在淅川盆地采获 *Paras-phroolithus* 等恐龙蛋化石后,确认化石产出地层为上白垩统,并在剖面研究的基础上,将盆地内上白垩统岩系自下而上划分为三个组,即高沟组、马家村组和大寺组(周世全等,1975)。此后,周世全等,赵宏、赵资奎等,程政武等,都先后在盆地内做过对恐龙蛋化石和含化石地层的研究工作,对周世全等将淅川盆地的红色岩系归为上白垩统三个组的划分方案无大异议。本书对地层的划分基本沿用了周世全等的划分方案,结合最新认识和新发现恐龙骨骼化石的情况,在周世全的划分方案基础上稍做了一些调整。一是将原高沟组上段含树枝蛋的砂岩段划到马家村组;二是在时代上将马家村组和高沟组的时代归为晚白垩世早期,寺沟组的时代归为晚白垩世晚期。这一划法与赵宏、赵资奎(1998)的认识不一致之处是:赵宏等将马家村组含扁圆蛋之上的部分与寺沟组同划归晚白垩世晚期,根据再次对剖面的研究之后认为有不妥之处,故本书没有采用。

1.地层概述与讨论

高沟组分布于盆地边缘,不整合于震旦纪或其他古生代地层之上,盆地南缘较发育,北缘变薄或缺失,呈零星分布。

高沟剖面的高沟组岩性可分为两套。下部为砖红色厚层块状砾岩,砾石成分主要是白云岩、灰岩、白云质灰岩,磨圆度差,次圆状—棱角状;砾径巨大者可大于 1 米,一般 5~30 厘米;砾石含量 75%~90%;胶结物为泥质、粉砂质和钙质,颗粒支撑结构,孔隙式胶结。上部为杂色中层至厚层砾岩、砂砾岩夹细砾岩;砾石主要成分为白云岩,圆状一次棱角状;粒径一般为 2~10 厘米大小不等,砾石含量 60%~80%;胶结物为泥质、砂质;基底式胶结,杂基支撑结构。岩相特征反映了从冲积扇相过渡到河流相的沉积历史过程。

前人在高沟组发现少量介形虫和轮藻化石。如:*Aclistochara* sp.开口轮藻,*Obtusochara subcylindrica* 亚柱形钝头轮藻,*Maedlerisphaera* sp.,瓣鳃类化石:*Lamellibranchiata incertus* ,*Aclistochara* sp.,这些化石广泛产于中生代地层中。*Maedlerisphaera* sp., *Obtusochara subcylindrica* 更在广东三水盆地晚白垩世地层中大量被发现。两地地层大致可以对比。

马家村组分布于盆地南部宋湾、李家沟、马家村及荆紫关一带,出露较全;盆地北部分布较少。根据岩性及沉积韵律大致可划分为上、中、下三段,空间上呈楔状地质体排列,走向上可见岩性变化现象。马家村组下段以砖红色厚层粉砂岩为主夹少量薄层透镜状含砾细砂岩,系河流相边滩沉积。马家村剖面以东较厚,李家沟剖面尖灭缺失。中段为砖红色含钙质疙瘩状粉砂岩及砖红色粉砂质泥岩与灰绿色含钙质泥质粉砂岩互层组成数个旋回沉积;地貌上疙瘩状层与红绿色相间水平层理组成十分明显,中段顶部在下王片村红色粉砂质钙质泥岩中产恐龙蛋化石:*Dendroolithus* sp.树枝蛋(未定种),中段中部灰绿色含钙质泥质粉砂岩中产恐龙骨骼化石;中段下部在李家沟 1 号和 2 号化石点挖掘到大量恐龙骨骼化石。上段西厚东薄,为砂砾岩、细砂岩、粉砂岩,向上钙质增多,顶部多为层状砂质泥灰岩与上覆寺沟组分界。整体上马家村组在西边李家沟一带较薄,东边马家村一带较厚。下段为平川河流相沉积,中段为河漫滩和河漫湖相沉积,上段为山间河流过渡到湖相沉积。

马家村组内化石层位多,门类较为丰富。微体古生物有 *Porochara anluensis* 安陆孔轮藻,*P. jingshanensis* 京山孔轮藻,*P. sphaeria* 球形孔轮藻,*Tecto- chara* sp.有盖轮藻,*Charites sadleri* 沙德勒似轮藻,*Qbtusochara luxiensis* 菉溪钝头轮藻,*O.songheensis* 宋河钝头轮藻,*Aclistochara sp.*开口轮藻,*Lato-chara curtula* 稍短宽轮藻;*Candona* sp.玻璃介,*Candoniella* sp.小玻

璃介，*Eucypris* sp.真星介，*Talicypridea* sp.类女星介等；恐龙蛋化石有 *Elongatoolithusoo* sp.长形蛋（未定种），*Nanhsiungoolithus chuetienensis* 主田南雄蛋，*Ovaloolithus chinkangkorensis* 金刚石椭圆形蛋，*Paraspheroolithus* cf. *irenensis* 二连副圆形蛋（相似种），*Dlacoolithus taohensis* 滔河扁圆蛋，*Dendroolithus* sp.树枝蛋（未定种）。恐龙化石有待深入研究。初步分析含有蜥脚亚目（Sauropoda March，1878）；兽脚亚目（Theropoda March，1881）及鸟脚亚目（Ornithopada march，1871）中不同属种个体的骨骼。*Parachara anluensis*、*P. jingshanensis* 等见于湖南衡阳盆地戴家坪组，湖北云应盆地晚白垩世公安寨组。*Paraspheroolithus* 类在我国山东王氏群中上部，广东、新疆、内蒙古、湖南晚白垩世地层见及；国外蒙古、北美的上白垩统中都是常见的种类；*Dendroolithus* 目前仅见于湖北安陆、郧阳青龙山和河南西峡晚白垩世早、中期的地层。综上所述，郧阳梅铺镇下王片马家村组的时代划归晚白垩世早期比较合适。

寺沟组主要分布于宋湾、寺沟至荆紫关一线；北部分布较少。岩石粒度较粗，各地厚度变化较大，可能因新近纪地层角度不整合覆盖所致。本区寺沟剖面寺沟组厚约 68 米，由 4 个粒度由粗到细的沉积韵律层序构成。每一韵律下部为厚层砂砾岩，砾石成分多是石英岩、变质岩类、粒径 2～7 厘米，磨圆度好，分选性差，砾石含量 60%～80%，杂基支撑结构，基底式胶结。向上部层位砾径渐小，砾石含量渐少，逐渐过渡为砖红色厚层粉砂岩或钙质粉砂岩，反映当时淅川盆地升降运动频繁，形成了河流相的河床沉积到心滩，边滩沉积反复交替。

寺沟组内化石主要有 *Obtusochara brevicylindrica* 短柱形钝头轮藻，*Aclistochara* sp.开口轮藻（未定种），*Dendroolithus xichuanensis* 淅川树枝蛋，*Elongatoolithus* cf. *elongatus* 似长形长形蛋，*Elongatoolithus* sp.长形蛋（未定种），*E.*cf.*andnewsi* 似安氏长形蛋。上述轮藻多见于广东三水盆地晚白垩世地层中；长形蛋化石常见于山东王氏群，广东南雄群可与之对比（表 3-1）。寺沟组整合于马家村组之上，应是比马家村组稍晚的晚白垩世晚期的地层。

表 3-1　研究区上白垩统与邻区产蛋地层对比表

地层系统	广东南雄盆地	湖北江汉盆地	湖南茶永盆地	河南淅川盆地	湖北郧阳盆地
上白垩统	南雄组	跑马岗组	戴家坪组	寺沟组	寺沟组
		红花套组		马家村组	马家村组
		罗镜滩组		高沟组	高沟组

淅川盆地南部还零星分布有新近纪地层。地貌上呈帽盖状以 3°～10°缓倾角分别覆盖在本区的不同地点山脊的高沟组或马家村组，寺沟组之上。砾石成分复杂，主要为白云岩、灰岩，还有石英岩、片岩、大理岩、辉绿岩等。砾石大小不等，大者可大于 1 米，一般 5～10 厘米。胶结物多为钙质、泥砂质，与下伏地层不整合接触。

鄂西北白垩系经前人研究，积累了丰富的岩石和古生物资料。本阶段我们测制了岩石地层剖面、采集了大量孢粉样、微体古生物和恐龙化石及恐龙蛋化石样，认为本区地层发育较齐全，基本可以和河南淅川盆地地层剖面进行对比，通过进一步研究，可以建立鄂西北白垩系层序较全、划分更细致、依据更为充分的典型剖面（表 3-2）。

表 3-2　郧阳分区白垩系划分沿革表

<table>
<tr><th colspan="2">河南省地质局 12 地质队
(1975)</th><th colspan="2">湖北省区域地质志
(1990)</th><th colspan="2">湖北省地层清理报告
(1996)</th><th colspan="3">本次报告</th></tr>
<tr><td rowspan="5">上白垩统</td><td>寺沟组</td><td rowspan="5">上白垩统</td><td rowspan="5">胡岗组</td><td rowspan="5">上白垩统</td><td rowspan="5">寺沟组</td><td rowspan="5">上白垩统</td><td colspan="2">寺沟组</td></tr>
<tr><td rowspan="3">马家村组</td><td rowspan="3">马家村组</td><td>上段</td></tr>
<tr><td>中段</td></tr>
<tr><td>下段</td></tr>
<tr><td>高沟组</td><td colspan="2">高沟组</td></tr>
</table>

2.实测地层剖面描述

本书采用了《湖北省郧县梅铺镇晚白垩世恐龙化石的发掘与研究报告》(李正琪、杨道政、周修高等,2000)在化石产区测制的 4 条剖面,计 5000 米。

1)高沟—下王片—小朱家沟剖面

剖面南端起于高沟村南 750 米简易公路旁,北端止于小朱家沟北东山坡上。剖面总体走向 360°,控制了晚白垩世早期地层高沟组和马家村组。地层总体向北北西或北北东倾斜,剖面总长 4000 米(图 3-7)。

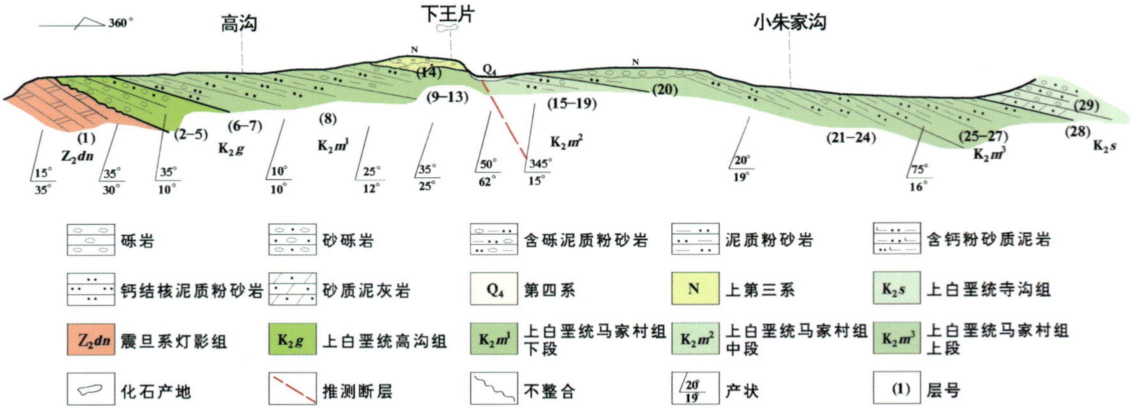

图 3-7　湖北省郧阳梅铺镇高沟—小朱家沟上白垩统实测剖面图

高沟—下王片—小朱家沟剖面层序自上而下为:

上白垩统马家村组上段(K_2m^3)　　**厚 95.42 米**

19.浅红色厚层砂质泥灰岩夹灰绿色钙质粉砂岩。泥灰岩中含少量细角砾。　　厚 14.07 米

18.砖红色厚层疙瘩状钙质粉砂岩。　　厚 81.35 米

上白垩统马家村组中段(K_2m^2)　　**厚 200.44 米**

17.杂色薄层泥质粉砂岩,具水平层理。　　厚 15.80 米

16.灰绿色、中厚层含礓块钙质粉砂岩。　　厚 50.57 米

15.灰绿色薄层粉砂岩与砖红色薄层泥质粉砂岩互层。　　厚 15.43 米

上白垩统马家村组上段(K_2m^3) **厚 95.42 米**

14.砖红色厚层含钙质粉砂质泥岩,上部夹灰绿色钙质、泥质条带和斑块。内产恐龙蛋化石,*Dendrolithus* sp.(树枝蛋、未定种)。 厚 10.12 米

13.砖红色薄层泥岩与灰绿色薄层泥质粉砂岩互层,水平层理发育。 厚 30.03 米

12.砖红色厚层含钙质泥质粉砂岩。风化面疙瘩状或圆饼状。顶部有一层厚约 50 厘米的绿色钙质粉砂岩。 厚 14.16 米

11.砖红色含钙质泥质粉砂岩夹薄层泥岩。钙质泥质粉砂岩风化面呈疙瘩状,泥质岩风化后呈页片状。 厚 10.02 米

10.砖红色粉砂质泥岩,灰绿色泥质粉砂岩互层,组成水平层理。底部砖红色粉砂质泥质中前人采得恐龙蛋化石:*Elongatoolithus* oosp.长形蛋(未定种)、*Nanhsiungoolithus chuetienensis* 主田南雄蛋、*Ovaloolithus chinkangkouensis* 金刚口椭圆形蛋、*Paraspheroolithus* cf. *irenensis* 二连副圆形蛋(相似种)、*Placoolithus taohensis* 滔河扁圆蛋。 厚 57.30 米

9.砖红色疙瘩状钙质粉砂岩。砖红色中穿插纵向灰绿色条纹,岩性较坚硬,风化呈面疙瘩状。 厚 36.16 米

上白垩统马家村组下段(K_2m^1) **厚 151.29 米**

8.砖红色厚层含钙泥质粉砂岩夹灰绿色中层钙质粉砂岩。中夹几层厚约 20 厘米条带状细砂岩。 厚 107.80 米

7.砖红色厚层粉砂岩,含少量石英细砾。中夹一层 1.5 米厚的细砂岩。 厚 16.82 米

6.砖红色厚层含砾泥质粉砂岩。局部显灰绿色条纹。含砾量少于 5%,砾细小,一般大小为 2~4 毫米,成分为石英、燧石等,星散分布且向上部层位含量渐少。风化呈圆饼状。 厚 27.39 米

上白垩统高沟组(K_2g) **厚 74.73 米**

5.杂色中层砾岩中夹薄层细砾岩。往上部层位细砾岩夹层渐多。砾石成分主要为白云岩,砾径大者达 15 厘米,一般 3~10 厘米,圆状—棱角状,砾石含量 70%~80%;胶结物为泥质、粉砂质,细砂及细砾,杂基支撑结构。 厚 11.42 米

4.杂色厚层状砾岩,砾石成分、含量、磨圆度与 5 层相同,只是分选性、粒序性比 5 层差。 厚 28.09 米

3.杂色块状巨砾岩。砾石成分主要为白云岩,少量燧石、石英。砾径最大可超过 1 米,圆—次圆状;一般 5~30 厘米,棱角—次棱角状,胶结物为泥质、粉砂质及钙质,胶结微密,砾石含量占 80%~90%,颗粒支撑结构。 厚 18.83 米

2.砖红色厚层状砾岩。砾石成分主要是白云岩、次为硅质白云岩、灰岩及燧石等,砾石大小不一,最大达 50 厘米,小者 2 厘米,一般 4~15 厘米,大砾石多为白云岩、灰岩,磨圆度较好,次圆—次棱角状;小砾石多为黑色燧石和石英,次棱角—棱角状;砾石含量 75%~80%,胶结物为砖红色泥质、粉砂质及少量细砂,颗粒支撑结构。 厚 26.39 米

————————不整合————————

震旦系灯影组(Z_2dn) **厚>2.0 米**

1.灰色厚层块状白云岩。微晶结构,块状构造,局部为硅化白云岩(未见底) 厚>2.0 米

2)寺沟剖面

剖面位于寺沟村北简易公路旁。剖面长 550 米,走向 25°。控制了上白垩统寺沟组。地层主要向东倾斜(图 3-8)。

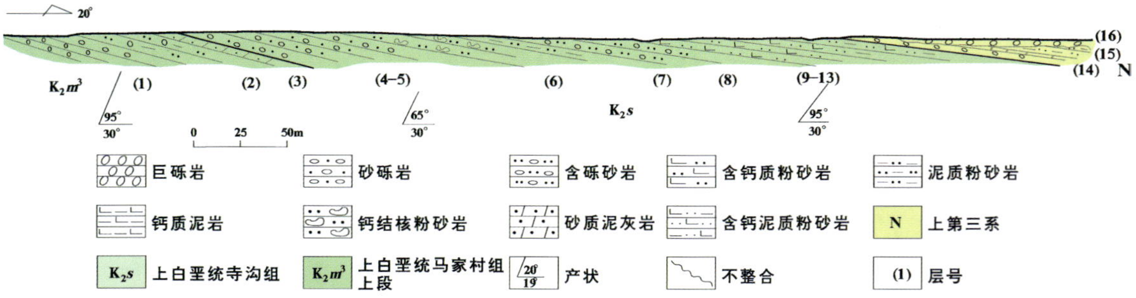

图 3-8　河南省淅川县寺沟—滔河上白垩统寺沟组剖面图

寺沟剖面地层层序自上而下为:

新近系(N)

16.灰色块状中砾岩。砾石成分复杂,主要为白云岩、灰岩。次有石英岩、绿片岩、燧石、浅粒岩、白云石英片岩。砾石大小混杂,少数大者 20 厘米以上,一般 5~15 厘米,小者 2~3 厘米;分选差,磨圆度好,圆—次圆状;少量燧石砾为次棱角状;砾石含量 80%左右。胶结物为钙质及细砾。 厚>2.0 米

------------不整合------------

上白垩统寺沟组(K_2s) **厚 66.13 米**

15.砖红色厚层泥质粉砂岩。风化面呈球形饼状。 厚 4.82 米

14.灰白色砂砾岩。往岩层上部砾石含量渐少且呈条带状分布。 厚 4.28 米

13.砖红色厚层含钙泥质粉砂岩。 厚 4.09 米

12.砖红色厚层细砾岩。 厚 1.23 米

11.砖红色厚层细砾岩,往上部逐渐过渡为含钙质粉砂岩。 厚 14.67 米

10.砖红色泥质粉砂岩。 厚 8.20 米

9.杂色厚层至块状含钙质结核粉砂岩。 厚 12.02 米

8.杂色厚层砂砾岩。砾石细小,含量 50%~60%,往层位上部含量渐少。微层发育。 厚 2.93 米

7.灰白色、浅红色厚层砂砾岩。砾石含量 50%~70%,磨圆度好,分选差,混杂堆积。 厚 4.76 米

6.灰白色厚层含砾泥灰岩。 厚 3.08 米

5.灰白色、砖红色厚层含砾钙质粉砂岩。 厚 4.05 米

4.灰黄色厚层砂砾岩。砾石成分为石英岩,少量燧石岩,砾径大者 7 厘米,一般 1~3 厘米,磨圆度好,分选性差,含量 65%~80%,杂基支撑结构。局部夹薄层粉砂岩条带。 厚 2.00 米

————————整合————————

上白垩统马家村组上段(K_2m^3)

3.砖红色粉砂质泥岩。 厚 3.28 米

2.棕红色厚层泥灰岩。局部夹灰白色结晶灰岩。泥灰岩中含少量细砾。 厚 4.10 米

1.砖红色厚层疙瘩状钙质粉砂岩,中夹具水平层理钙质粉砂岩。 厚>4.10 米

3）张坡剖面

剖面位于张坡山脊李家沟至梅铺公路东侧。剖面长 100 米，走向 110°，剖面测制了马家村组中段地层。张坡剖面地层层序从上至下描述如下：

上白垩统马家村组上段（K_2m^3）

9.砖红色中层细砾岩。砾石成分为泥质、砂质、钙质团块圆砾。　厚 0.79 米

——————整合——————

上白垩统马家村组中段（K_2m^3）

8.杂色厚层含钙质疙瘩状泥质粉砂岩。　厚 3.33 米

7.灰绿色厚层含钙质粉砂质泥岩。　厚 2.77 米

6.杂色厚层含钙质泥质粉砂岩。　厚 3.04 米

5.砖红色薄层泥质粉砂岩与灰绿色薄层钙质粉砂岩互层。水平层理发育。风化面见不连续钙质团块。　厚 1.85 米

4.杂色厚层状含钙质泥质粉砂岩。风化面呈钙质团块状。　厚 0.84 米

3.砖红色薄层泥质粉砂岩与灰绿色钙质粉砂岩互层。水平层理很发育。　厚 1.51 米

2.杂色中层状粉砂质泥岩。　厚 3.50 米

1.砖红色厚层含钙质团块泥质粉砂岩。　厚 2.72 米

-----------不整合-----------

震旦系灯影组（Z_2dn）

0.灰白色厚层块状白云岩。　厚>2.00 米

4）贾沟剖面

剖面端点起于杨营管理区基建场地西端，终点止于贾沟村南山坡上，剖面长 330 米，总体方向 260°，地层向北东向倾斜（图 3-9）。

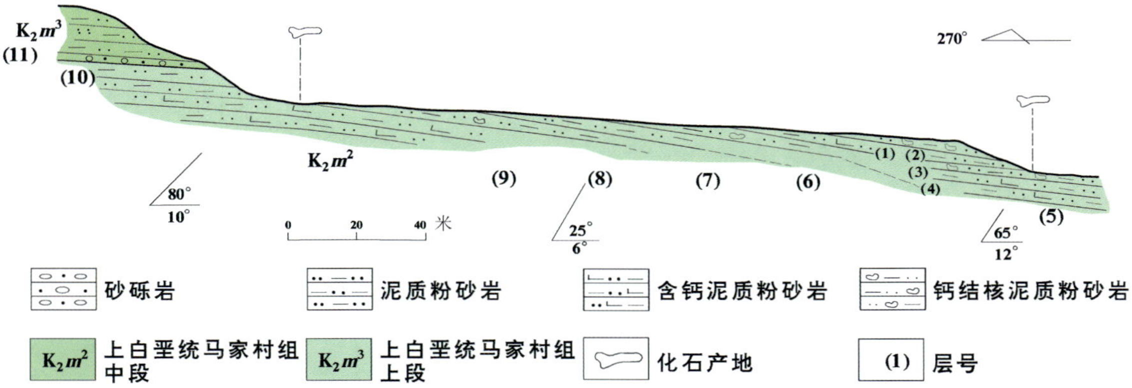

图 3-9　李家沟—贾沟上白垩统实测剖面图

贾沟剖面地层层序自上而下为：

上白垩统马家村组上段（K_2m^3）　**厚>16.48 米**

11.砖红色中厚层砂砾岩。砾石成分为红色、灰色钙质粉砂岩。粒径大小不一，一般为 0.3~1 厘米，分选差，少数长条状砾石略具定向排列；磨圆度好，圆—次圆状。胶结物为砖红色泥砂质。　厚>16.48 米

——————整合——————

上白垩统马家村中段(K^2m^2)	**厚>68.87 米**
10.砖红色粉砂质泥岩。	厚 8.99 米
9.灰绿色厚层含钙质泥质粉砂岩。含恐龙骨骼化石(第二含恐龙化石层)	厚 10.00 米
8.砖红色粉砂质泥岩夹灰绿色含钙质泥质粉砂岩薄层互层。具水平层理。	厚 7.07 米
7.灰绿色粉砂质泥岩。	厚 2.09 米
6.杂色厚层含钙质泥质粉砂岩。含较多钙质团块。	厚 12.94 米
5.砖红色块状钙质粉砂岩。钙质团块大量出现。	厚 17.79 米
4.砖红色薄层粉砂质泥岩与灰绿色薄层含钙质泥质粉砂岩互层。具水平层理。	厚 2.50 米
3.砖红色厚层钙质粉砂质泥岩。风化面显现红色钙质团块。	厚 0.71 米
2.砖红色含钙质粉砂质泥岩与灰绿色钙质泥质粉砂岩薄层互层。显现水平层理。	厚 4.28 米
1.灰绿色厚层钙质泥质粉砂岩。产恐龙骨骼化石(第一含恐龙化石层)。	厚 2.50 米
(下部第四系覆盖)	

3.岩相古地理特征

淅川盆地晚白垩世经历了早期强烈断陷,地形差异较大,水动力极强,快速堆积或冲积形成了冲积扇沉积物。中期断陷作用较弱,以拗陷作用为主,地形趋于平缓,水动力渐弱,沉积低处由砂砾岩、细砾岩形成河床相沉积物;高处则在洪水期形成以泥质、钙质粉砂质为主垂向加积的河漫滩相沉积物;两者之间则为粉砂岩为主的侧向加积边滩沉积物。晚期地壳活动再度增强,且升降震荡频繁。形成了又一旋回山间河流下部边滩和河床沉积物和上部短暂的河漫滩沉积反复交替,韵律性十分明显。

李家沟村剖面所见马家村组中段其中上都是河漫滩相沉积物。从 1 号化石采掘点可见到含化石层为黄绿色中厚层钙质粉砂质泥岩。含 1%~3%细砂、偶见磨圆度好的细砾,层厚约 0.5 米。化石层下部层位为砖红色块状泥质粉砂岩,上部层位为砖红色含细砾泥质粉砂岩与灰绿色含钙质泥质粉砂岩互层。单层一般厚 2~10 厘米,剖面上呈条带状,薄层状或薄层串珠状。沿层面观察钙质粉砂岩呈团块状,风化面似角砾;或呈不规划礓块状、疙瘩状,偶见泥灰质薄层上有龟裂纹发育,灰绿色粉砂质泥灰岩明显龟裂被砖红色粉砂质泥质充填。地表露头上砖红色薄层与灰绿色薄层相间显现水平层理。这种水平层理在本区分布稳定,是马家村组中段的重要标志。水平层理并非在静水条件下形成,是在较弱的流水动力条件下形成的。当沉积物暴露在空气中时间较长时,受氧化作用控制而显砖红色,当沉积物保持在水体内氧化作用较弱时而显灰绿色。钙质团块或多或少的出现是因为当时气候干燥,水体化学物质浓缩而与碎屑物质同时沉积下来;或泥灰质沉积未固结前露出水面而不规则泥裂破碎而造成;抑或是在气候干燥区,河漫湖泊的沉积物间歇地露出水面,而地下水面向下移动并伴随着高速的蒸发作用就在沉积物中形成钙质磁块。朱沟、下王片、李家沟含恐龙蛋、含恐龙骨骼化石的岩层是上述情况中转化的层段。在沉积速率相似的条件下,含恐龙蛋化石的砖红色钙质泥质粉砂岩相对较厚;表示当时地势稍高,有利于恐龙产蛋繁殖,并埋藏保存,应当是一种河漫堤的环境;而含恐龙骨骼化石的灰绿色钙质泥质粉砂岩相对较厚，则代表了有利于恐龙死亡时骨骼埋藏和保存的环境持续较长，所以留存了大量的恐龙骨骼化石，这是一种河漫湖的环境。是河漫平原上位置较低的部分，具体范围是李家沟一线呈长圆形展布，东边以草庙岭，小朱家沟为界，西以张坡、白头岭为界，面积 2~3 平方千米，此地是恐龙骨骼化石点分布的范围（图 3-10）。

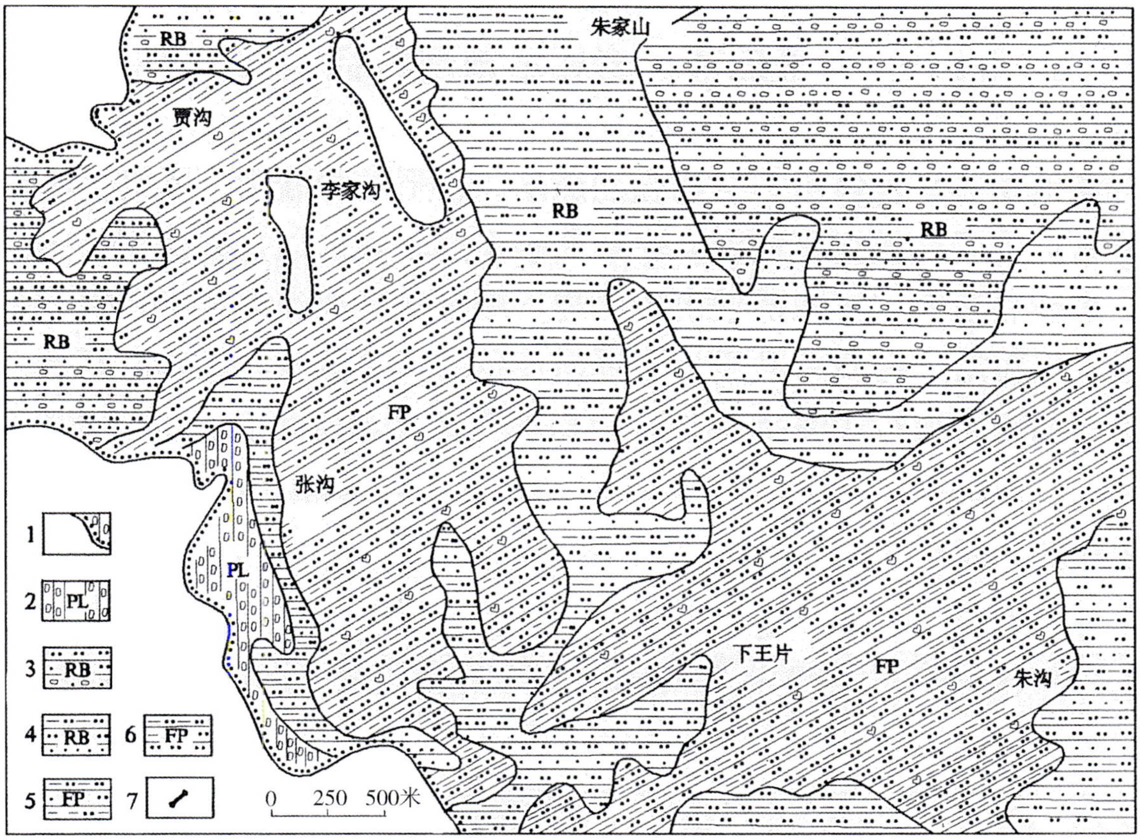

1.古陆及不整合界线；2.洪积扇沉积；3.河流相心滩沉积；
4.河流相边滩沉积；5.河漫滩相河漫湖沉积；6.河漫滩相河漫堤沉积；7.化石点

图 3-10　李家沟上白垩统沉积岩相图

3.1.4　郧阳梅铺镇李家沟村恐龙（骨骼）化石类型与特征

从恐龙化石发掘现场的埋藏状况分析，李家沟村晚白垩世早期马家村组第一产化石层中埋藏的恐龙骨骼化石，是经水流冲刷搬运后异地沉积下来的产物。由于水流的冲刷、动荡，使原比较完整的骨骼散架、折断、磨损，同种群、不同大小个体骨骼无规则交错埋藏在不同的位置，少见同一个体的几块骨骼埋藏在一处的现象。骨骼数量与含化石层的灰绿色泥质粉砂岩层的厚度呈一定关系，灰绿色泥质粉砂岩较厚时，骨骼保存较多较好，反之则差，而且并非整个层位均含化石，而是分散分布，空档地段占大多数。通过近 5 个多月的发掘，已出土较完整的化石 399 块，碎片数百块。其中两个不完整个体的修复归类工作已基本完成，各类化石的基本特征如下所述。

1.鸟臀目类化石

1)鸟臀目 Order Ornithischia Seely ,1887

　　禽龙亚目 Suborder Iguanodontia Sereno ,1986

　　　鸭嘴龙科 Family Hadrosauridae Cope, 1869b

　　　　兰氏龙亚科 Subfamily Lambeosaurinae Parks ,1923

　　　　　巴克龙属(未定种)*Bactrosaurus* sp.

标本材料:左上颌骨、背椎椎体。

地点及层位:湖北省郧阳梅铺镇李家沟村东坡 4 号化石点;白垩系马家村组中段第二骨层。

属特征:牙齿较少,下颌骨上有 23 列,上颌骨有 28 列。后部背神经棘很高作呈棒状,荐椎 7 个。肠骨上部隆起,前端突起弯曲。坐骨发育有足状末端。耻骨短而扩展。末节趾骨有增厚的前缘。

标本描述:

左上颌骨:(图 3-11,图版Ⅱ7a～c),编号 OBMX1。

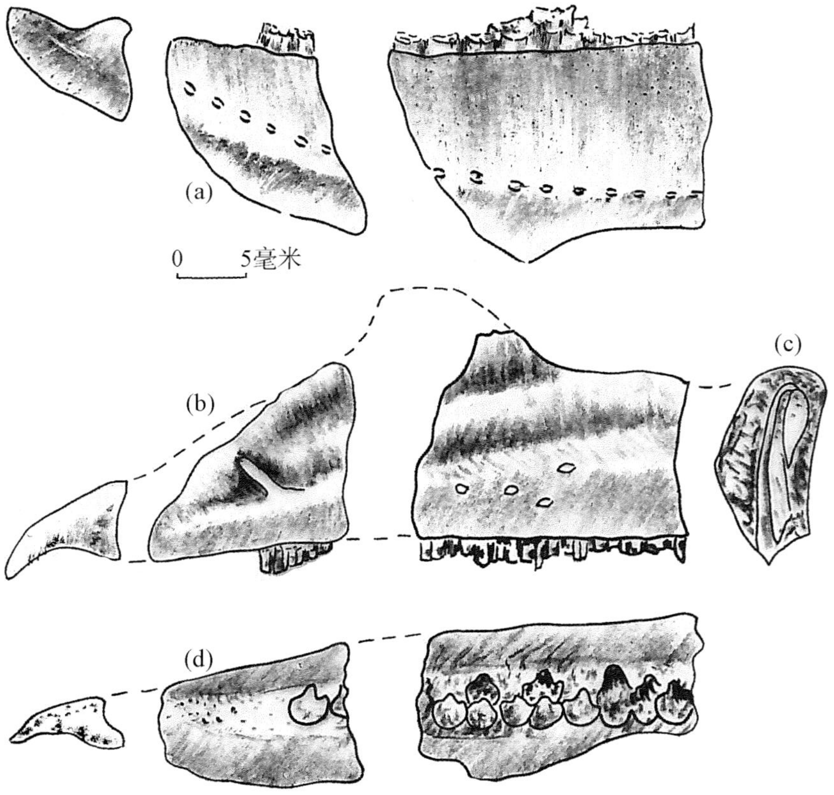

(a)内侧视;(b)外侧视;(c)断面示功能齿和替换齿;(d)腰面视

图 3-11　巴克龙左上颌骨

标本由三块连续破损化石组成。前端小块与中间块内表面形态不吻合,其间应有小段缺失,至少缺一个营养孔的位置长度;中间块与后一块外表面凸棱错开, 而且各含有的半颗牙齿并不是同一牙破裂而成,其间缺失一小段,至少是缺两个半颗牙的位置。为便于保存和观察,根据其在地层中产出的顺序和形态拼合在一 起组成一块上颌骨化石。化石最大长度大于 180 厘米,最大宽 68 厘米。前端向下弯曲变偏变尖呈喙状,后端断面可见半颗牙的纵剖面及第 1 和第 2 替换齿断面;显然这块上颌骨后端不全,标本保存的牙列应大于 17 列。上颌骨内表面平滑呈弧形弯曲,内面从前中部向后中上部有一列弯曲排列的营养孔,可计算的有 15 个;外表面中部呈钝角凸起至前端分叉成两个脊,下一小脊延至喙突,上一个脊较短向前上方翘起;上部有一圆滑纵向凹槽,由上侧边缘和上外侧隆脊围成;上部边缘后部宽圆向前逐渐变窄升起,据此推测最大高度在中部。外侧前部表面还出现几个大的神经孔。腰视可见 12 个牙列。牙冠尖部皆断缺,从断面观察牙列多是单颗牙与两叠复牙交替排列,咬合面每一替换齿位不多于两个牙;齿冠颊面具较厚暗色层(硅化釉质层),初级棱大而明显,初级棱两边具不明显凹槽,槽外边缘形成小棱。颊面齿冠较宽,舌面齿冠面圆面稍窄,功能齿根很长,向下变尖。

背椎(编号 OBD1):只有一个椎体,平凹型椎体前关节面近圆形几乎是平的, 后关节面边缘多破损呈中等凹陷。柱体两侧收缩明显,腰面略呈棱状。神经弧与柱体间骨缝清晰,神经管相对较小。柱体长 59 毫米,宽 81 毫米;由椎体宽度大于长度判断标本是后部背椎椎体。

鉴定与讨论:*Bactrosaurus* 与 *Probadrosauras* 的上颌骨相比较,前者最大高度接近中部而后者接近后部;前者上颌骨外侧前部分布有几个大的神经孔而后者无;前者上颌齿齿冠中部粗大,原始脊两侧的小脊不一定存在,而后者原始脊两侧的次生脊是对称的。综合各方面特征定为巴克龙属是适当的,背椎的特征也与本属相合。就所知的巴克龙属有姜氏巴克龙(*B.johnsoni Gilmore*)和蒲氏巴克龙(*B. prynadai Riabinin*),由于标本材料不足难以比较,作为阶段性成果暂定为巴克龙(未定种)*Bactrosaurus* sp. 。

2)鸟臀目 Order Ornithischia Seely,1887

禽龙亚目 Suborder Iguanodohtia Sereno,1986

科未定 Family Incertae sedis

李家沟龙(新属)*Lijiagousaurus* gen. nov.

属特征:体型小巧的禽龙。肩胛骨两端扩展,远端宽于近端;前缘直,后缘呈弧形弯曲,背缘较厚。胸骨前边宽阔后端柄状,内边稍凹而外侧稍凸。股骨骨干弯曲,第四技节位于中段后内缘;远端内外髁前后向强烈扩展,使股骨远端内外两侧面近平行;前髁间沟很深,前髁间沟两内壁距离很近,几乎形成一椭圆形管状通道; 后缘髁间沟也深,内髁的长度和宽度都是外髁的两倍左右。坐骨柄长且直,闭口突位置靠近近端,远端逐渐扩大,未见足状构造。

标本材料:一节颈椎椎体,一块环椎间椎体,一块左肩胛骨,一块左坐骨,一根右股骨,左股骨近端和远端,一块胫骨近端和两块远端,一根右腓骨,一块距骨。

地点及层位:湖北省郧阳梅铺镇李家沟村西坡 1 号采坑;白垩系马家村组中段第一骨层。

标本描述:(图版Ⅰ1~6)

颈椎:编号 OLC1,标本的颈椎椎体,轻度破损。后凹型,椎体前关节面强凸,后关节面杯状凹陷。副突位于椎体两侧前上方。椎体与神经弧间骨缝清晰,椎体腰面扁圆,侧凹中等大小,深度不大,根据副突所在位置,推测其为中后部位置的颈椎。椎体长 44 毫米,高 33 毫米。

环椎间椎体:标本保存完整,左右宽 26 毫米,前后长 13 毫米,高 14 毫米。背面与齿突的关节面为一弧形凹陷,两侧端浑圆。腰椎后面与椎体两侧后下缘一起共同构成两个向下的椎状突起。后端新月形隆起。

肩胛骨:编号 OLS1(图 3-12),一块较完整的左肩胛骨,骨干长 175 毫米,前缘较直,后缘向前呈弧形弯曲。近端稍扩展,宽 43 毫米;与鸟喙骨关节面平,关节面呈卵圆形,近端前缘和后缘发育有向外侧突起的小隆脊,使近端外侧形成一宽浅的凹槽。远端扩展比近端稍宽,宽近 48 毫米,呈薄片状。骨干中部较窄,近背缘明显加厚,外侧隆起,最窄处宽 21 毫米。近端肩臼部分有一近圆形凹陷。

坐骨:编号 OLI1,(图 3-13),一根左坐骨,坐骨柄直长,长 295 毫米。近端强扩展,宽 105 毫米,似扇形。与肠骨的关节面呈水滴形凸起,与耻骨关节处损坏。坐骨突靠近近端,闭口凹陷明显。骨干细小,最窄处在中上部,其断面圆透镜状,长径为 15 毫米,近端外平内凸,延伸向远端由双凸渐为外凸较强而形成骨干外脊,骨干远端稍破损,但可观察是逐渐扩大无足状构造。

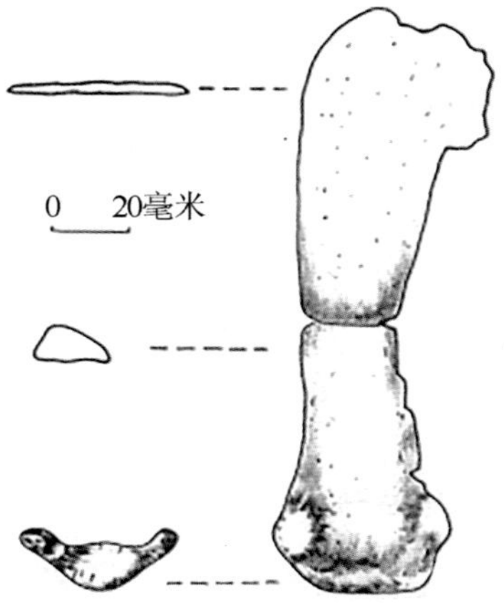

图 3-12 李家沟龙左肩胛骨外侧视

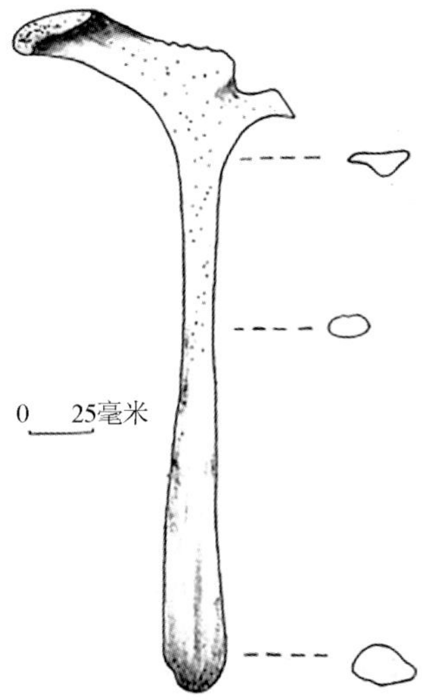

图 3-13 李家沟龙左坐骨外侧视

股骨(图 3-14):右股骨保存较为完整,编号 OLF1,骨干中部显著向前弯曲。股骨头近球形与大转子之间有明显的颈部隔开。大转子发育,前后向扩展,尤以向前扩展较强烈;横向扁缩,前后向长度约为横向宽度的 3 倍;大转子稍高于股骨头。小转子薄片状,内侧略凹,位于大转子前外侧,与大转子之间有明显的缝隙隔开,其高度明显低于大转子之间有显示的缝隙隔开,其高度显示低于大转子关节面;第四转子位于骨干中段内后缘,局部破损;第四转子后内侧骨干上有一纵向凹槽。远端内、外髁前后向强烈扩展,前侧,内外髁前端内侧靠得很近,几乎形成椭圆形管状通道;后缘,内髁明显变得宽长,而外髁相对变得窄短;前者的长宽都在后者的两倍左右;两者之间形成狭窄较深的髁间沟。

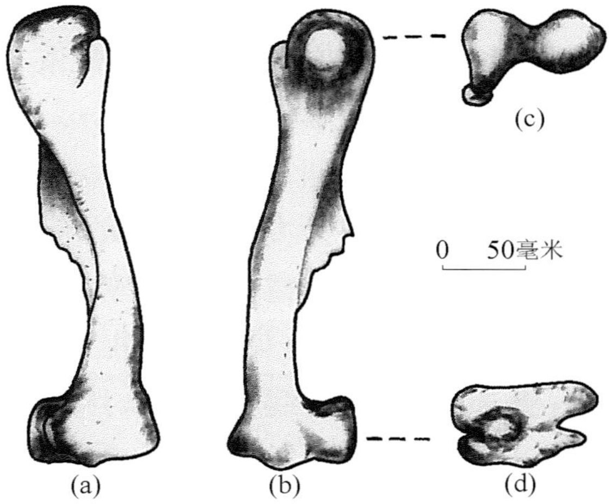

(a)外侧视;(b)内侧视;(c)近端端视;(d)远端端视

图 3-14　李家沟龙右股骨外侧视

胫骨:编号 OLT1-3 。标本为一块胫骨近端,两块胫骨远端。胫骨近端强烈扩展,具发育的胫骨翼,外侧表面由凹槽扩展形成附属髁,近端关节面显示发育良好的内髁和外髁,外髁的侧表面与腓骨相关节;胫骨最宽处靠近近端,向远端方向很快变窄。远端由骨干到末端迅速扩大呈锥状,骨干断面为不规则三角形。

腓骨:编号 OLF1-1。右腓骨直而纤细,长 280 毫米;近端稍有缺损,宽大于 36 毫米,近端扩张比远端明显,端视关节面呈肾形,外缘凸起,内侧有一纵向浅凹槽,向远端延伸约骨干 1/3 处消失;骨干距远端 1/3 处最窄,宽 11 毫米,断面呈圆三角形。再往远端延伸骨干渐粗,至远端末端向后方及内侧扩大,端视不等腰圆三角形,三角形底边长 25 毫米。

距骨:编号 OLA1。左距骨,腰视为不规则四边形,腰缘外侧前后向变宽,强烈凸起;内侧前后向变窄,凸起较弱。上突微弱。

鉴定与讨论:为了便于对 1 号采坑中所采获的可归于本类恐龙骨骼进行描述,暂冠以李家沟龙属(*Lijiagousaurus* gen. nov.) 。1 号采坑只进行了初步发掘,能大致归类分析的局限于头后骨骼形态,因此提供的鉴定和分类也只是初步的。李家沟龙股骨骨干比较弯曲,类似于原始禽龙类和棱齿龙类的康纳龙 Kangilasauraso 股骨远端形态与南阳龙相似,而且更接近鸭嘴龙类。棱齿龙类股骨远端前髁间沟非常浅;而禽龙类前霞间沟逐渐变深,前镰间沟的前内缘距离很近;鸭嘴龙类前脾间沟两壁在前端互相靠拢,在大多数属种中愈合在一起形成滑车孔。李家沟龙极似南阳龙前颊间沟两内壁前端靠拢,几乎形成一管状通道又接近鸭嘴龙类。与南阳龙不同的是远端内外侧前后向扩展更为强烈,两外侧边缘近平行;后缘内踝长度和宽度都为外侧 2 倍左右。李家沟龙近端大转子向前扩展较强,股骨头球形膨大;南阳龙大转子向前后扩张,股骨头圆柱形。

据统计,非鸭嘴龙类禽龙共有 10 个有效属:*Camptosaurus* , *Iguanodon* , *Ouranosaurus*, *Probactiosaurus* , *Muttaburrasauras* , *Kangnasaurus* , *Rhabdodon* , *Tenontosaurus*, *Dryosauras*, 与最近报道的 *Nanyangosaurus*,*Kangnasaurus* , *Tenontosaurus*,*Dryosaurus* 是与棱齿龙相近的禽龙。*Probactrosaurus* 和 *Nanyangosaurus* 代表与鸭嘴龙类相近较进步的禽龙。李家沟龙肩

胛骨背缘较厚,股骨骨干侧视弯曲,距骨上升突弱可与原始禽龙类比较,但这是些次要特征。主要进步特征是:胸骨发育棒状向后侧方伸展的突起;股骨头球状扩大;股骨前镖间沟深,几乎形成管状通道;坐骨柄直,足状构造不发育,闭孔突位置靠近近端;可与进步禽龙类甚至鸭嘴龙类比较。最相近的是南阳龙和原巴克龙。由股骨骨干侧视弯曲,股骨前镰间沟很深,坐骨远端足状构造不发育区别于原巴克龙,由坐骨远端足状构造不发育,股骨骨干侧视弯曲等特征与南阳龙相区别,应当是禽龙类的一个新属种。

1 号采坑可归于李家沟龙的骨骼化石不多,可归于一个小型未成年个体。另一稍大个体只有一根股骨保存。李家沟龙的分析研究还有待于进一步发掘。

2.蜥臀目类化石

1)蜥臀目 Order Saurischia Seelys,1888

蜥脚亚目 Suboider Sauropoda Marsh,1878

巨龙科 Family Titanosauridae Lydekker,1885

郧县龙(新属)*Yunxianosaurus* gen. nov.

Yunxian 为新属恐龙化石产地所在县县名。

特征:荐前椎前凸后凹型,具大而深的侧凹,背神经弧高,神经孔大,神经棘棒 状不分叉;短的双凹型尾椎不具侧凹。肩胛骨近端和端部扩大,股骨两端强烈扩 大,骨干中段细,断面扁圆形;股骨头粗壮浑圆状,高度超过大转节,第四转节位于骨干中上部,低脊状。

湖北郧县龙(新属新种)*Yunxianosaurus hubeinensis* (gen. et sp. nov.)

释名:Hubei 为湖北省名,纪念湖北省出土的第一具较完整的恐龙骨骼化石。

种征:同属征。

标本材料:颈椎、背椎、荐椎、尾椎;肩胛骨、肱骨、尺骨、桡骨、肠骨、耻骨、股骨、胫骨、腓骨等。

产地及层位:湖北省郧阳梅铺镇李家沟村西坡 1 号采坑,白垩系马家村组中段第一含化石层。

标本描述:(图版Ⅲ13~16,图版Ⅳ,图版Ⅴ,图版Ⅵ 30、31、32、34)。

颈椎:保存多为颈椎柱体。后凹型,前关节面球状凸起,后关节面杯状凹陷;柱体横断面扁圆形,腰面及侧面收缩,副突位于柱体腰面前面;侧凹大且深,椭圆形;背面与神经弧骨缝清晰,神经管两端大、中间小(表 3-3)。

表 3-3　颈椎柱体测量

编号	椎体长/毫米	椎体前		椎体后		备注
		宽/毫米	高/毫米	宽/毫米	高/毫米	
21	80	67	43	72	49	副突位于前腰面
1	79	72	40	57	40	后部破损,副突位于侧凹前
115	76	60	40	60	38	副突位于侧凹前

续表

编号	椎体长/毫米	椎体前		椎体后		备注
		宽/毫米	高/毫米	宽/毫米	高/毫米	
20	72	58	38	56	40	副突位于侧凹前
3	68	57	39	55	40	副突位于侧凹前

背椎：背椎柱体前凸后凹型，具中等大小侧凹，背面与神经弧骨缝清晰，神经管大。神经棘与椎体分散保存，但两者骨缝可大致匹配；背神经棘高大于 86 毫米、宽 101 毫米，横突平伸，神经棘呈五棱柱状，顶部断失；神经棘与神经弧间有复杂的板状支撑结构，前关节突短，前关节面向上向前延伸（表 3-4）。

表 3-4　背椎柱体测量

编号	椎体长/毫米	椎体前		椎体后		备注
		宽/毫米	高/毫米	宽/毫米	高/毫米	
9	74	56	56	57	50	
13	71	51	71	61	52	
3	65	55	56	61	49	
85	62	54	51	55	48	破损

荐椎：化石材料为前部荐椎椎体，中部荐椎椎体，后部荐椎椎体；荐椎神经弧。神经弧与椎体分散保存，但它们之间骨缝清晰，可大致匹配。

前部荐椎：编号 92，椎体前凸后凹，前端近圆形缓凸，后端似肾形浅凹，凹内具一纵棱，具中等大小侧凹，神经弧与柱体间骨缝清晰，神经管大。椎体长 65 毫米；前宽 73 毫米，高 54 毫米；后宽 80 毫米，高 41 毫米。

中段荐椎：椎体前端横宽，中部显著收缩，侧凹小，后端稍窄；双平或双微凹型，前关节面具纵槽，后关节面中央具纵棱，关节面粗糙，背面与神经弧骨缝清晰，神经管大。背神经弧高，神经棘缺失（表 3-5）。

表 3-5　荐椎中部柱体测量

编号	椎体长/毫米	椎体前		椎体后		备注
		宽/毫米	高/毫米	宽/毫米	高/毫米	
4	55	56	47	55	36	
25	62	64	44	58	36	
94	78	72	55	62	52	
95	65	73	48	83	43	腰部宽平，前关节面不清
96	60	58	45	60	43	
97	61	66	35	76	27	破损

后部荐椎：平凹型，无侧凹；前端关节面粗糙，中央具纵槽；后端关节面浅凹光滑，背部神经管相对较小。编号 17，椎体长 55 毫米，椎体前部宽 55 毫米，高 51 毫米；后部宽 61 毫米，高 53 毫米。

尾椎：化石材料分散保存，为短的双凹型椎体，无侧凹。前后端关节面近圆形。前部尾椎椎体腰面圆凸，背面两侧具槽突关节面；中后部尾椎椎体渐变为四面柱体，腰面出现纵向凹槽，脉弧面清楚；背面横突关节面逐渐消失。缺失尾部后端椎体（表 3-6）。

表 3-6　尾椎柱体测量

编号	椎体长/毫米	椎体前		椎体后		备注
		宽/毫米	高/毫米	宽/毫米	高/毫米	
6	37	57	57	61	52	
29	34	57	54	57	51	
47	36	53	51	52	50	
105	36	60	52	55	49	
46	37	49	47	51	47	
44	35	47	42	43	51	
50	37	43	43	46	43	
110	36	43	39	42	40	
8	36	42	39	43	40	
57	37	43	38	42	37	
30	33	38	34	41	32	
60	33	39	34	39	32	
111	32	35	33	33	33	
54	31	35	30	35	28	
112	29	30	27	31	28	
5	27	28	27	29	28	
113	25	25	24	24	25	

肩胛骨：见图 3-15，编号 SYS7。右肩胛骨，骨干前端向后呈弧形弯曲，后缘较直，远端较薄，明显扩张；向近端延伸，中下部逐渐变厚，外侧渐隆。近端强烈扩张，近端外侧前缘和后缘各有一向前向后斜伸的脊，后脊较发育，两脊之间形成一椭圆形浅凹，内侧较平坦。肩胛骨总长 410 毫米，近端最大宽 180 毫米，远端最大宽 120 毫米，骨干最小宽 70 毫米。

肱骨：见图 3-16，编号 SYH28。右肱骨，骨干粗壮弯曲，近端前后向强烈扩展，中后部形成三角形肱骨头；骨干近端部分扁平向外侧弯曲；三角脊比较发育，位于近端前部关节面之下；骨干中部明显收缩，断面扁圆形；远端稍扩展，内髁稍大于外髁，髁间沟明显，向上延伸不远即消失。骨干总长 340 毫米，近端最大宽 140 毫米，远端宽 100 毫米，骨干最小宽度 50 毫米。

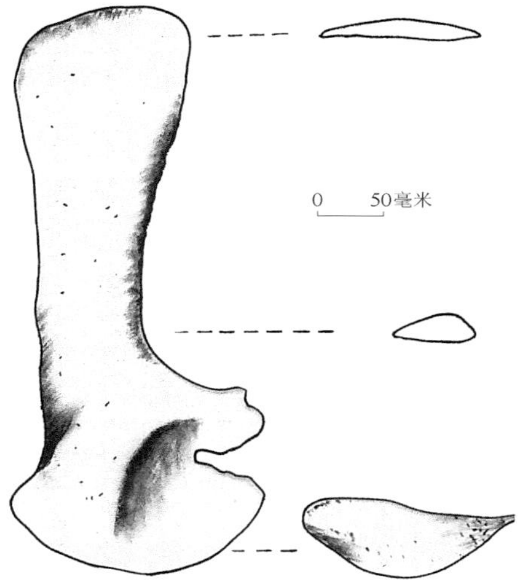

图 3-15　**肩胛骨**

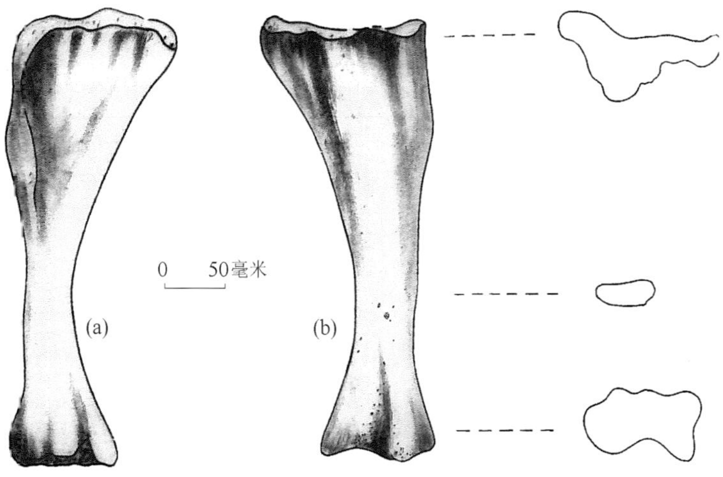

(a)内侧视;(b)外侧视

图 3-16　**右肱骨**

尺骨:见图 3-17(a),编号 SYU22。左尺骨粗壮。近端强扩张,端视不规则三角形,肋突不发育,近端关节面极粗糙,且弧形凸起。近端外侧有一纵向粗糙凹槽,此槽向远端渐浅,延伸约 1/3 骨干长度处消失;骨干中部断面呈半圆形,向外侧凸出;远端内外方向扩张,长轴与近端长轴近垂直。骨干总长 250 毫米,近端最大宽度 100 毫米,远端最大宽度 52 毫米,骨干最小宽度 45 毫米。

桡骨:见图 3-17(b),编号 SYR25。左桡骨棒状,近端远端均扩张。两端面近圆角梯形,方向反置,骨干中部断面似圆形。骨干总长 245 毫米,近端和远端最大宽度均为 70 毫米,骨干最窄处宽 30 毫米。肠骨:编号 SYI。右肠骨部分保存。前叶宽阔,后叶缺损,扇形肠骨体外侧微向内凹;耻骨柄发育向前下方斜伸;柄的前侧面凸出,后侧凹陷成粗糙的圆弧形髋臼面。

耻骨:编号 SYP8。局部残破的右耻骨。骨干外侧隆凸,内侧平;近端前侧有一长圆形关节面,后侧断失但仍可见一凹孔边缘残留;远端扩张,外边缘有粗隆脊。骨干长 340 毫米,近端宽度大于 100 毫米,远端最大宽度 80 毫米,骨干最窄宽度 55 毫米。

股骨:见图 3-18,编号 SYF9。左股骨,骨干直长,中段细断面扁 9 圆形;两端强烈扩张,大转节微凸近平,股骨头混圆状,大转节面股骨头逐渐过渡抬高;第四转节位于骨干后内侧中上部低脊状;远端内髁大于外髁,髁间沟深;外侧有一浅槽,分开外髁和上髁。骨干总长 340 毫米,近端最大宽度 130 毫米,远端最大宽 120 毫米,骨干最小宽度 60 毫米。肱骨与股骨长度比率 0.71 : 1。

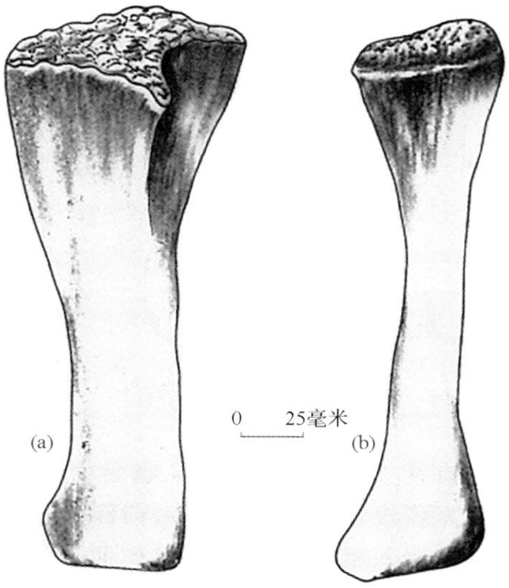

(a)左尺骨;(b)左桡骨

图 3-17 左尺骨(SYU22)和左桡骨(SYR25)

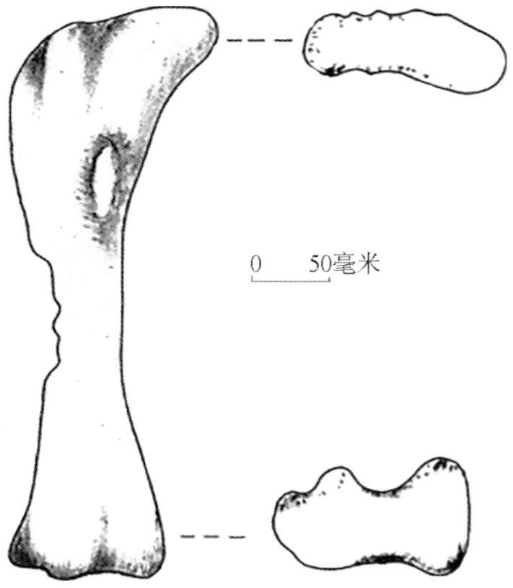

图 3-18 左股骨后视

胫骨:编号 SYTl。标本为左胫骨,局部破损,骨干直;近端强烈扩张,关节面扁圆形,较平而粗糙;骨干近端外侧有一纵向浅凹槽;骨干中段扁圆形;远端骨干外侧有一圆滑的凹槽,使远端端视呈不规则形,远端关节面不平, 前面有一椭圆形浅坑,是距骨上升突与胫骨的关节点。骨干总长 305 毫米,近端最大宽度 120 毫米,远端最大宽度 80 毫米,骨干最小宽度 50 毫米。胫骨与股骨比率为 0.70 : 1。

腓骨:编号 SYFI44。左腓骨,骨干细长且直,近端扁平,距近端骨干不远处外侧有一低隆脊向下延伸,内侧有一浅凹,向下延伸约 1/3 骨干长度消失,凹槽内肌痕明显;骨干中部断面半圆形,外凸内平;远端扩张粗围。

鉴定与讨论:归于郧县龙的化石标本多为头后骨骼。中轴骨从颈椎、背椎、荐椎到尾椎及少量分散保存的神经弧和神经棘,其相互关节面大致吻合。肢骨包括肩胛骨、肱骨、尺骨、桡骨及股骨、胫骨和腓骨等,相同形态结构的成分数量都较多。可以推测第一骨层郧县恐龙动物群中以郧县龙的个体群为主,由于同一结构形态的椎骨、肢骨大小差异很大,又以小尺寸骨骼为主,椎体的柱体和神经棘分离,骨缝清晰。因此正型标本列举的是一未成年恐龙个体。前人研究指出恐龙类未成年体和成年体头后骨骼的形态结构变化不大,这里使用的标本鉴定和分析应当是可行的。据分类学研究,蜥脚亚目常分为 6 个科:①Vulcandontidae 火神齿龙科;②Cetiosauridae 妖龙科;③Brachiosauridae 腕龙科;④Camarasauridae 圆顶龙科;⑤Diplodocidae 梁龙科;⑥Titanosauridae 巨龙科。

火神齿龙科恐龙荐前椎无侧凹，生存于早侏罗世；妖龙科恐龙背椎双平型、无侧凹，生存于中、晚侏罗世；圆顶龙科和梁龙科恐龙荐前椎神经脊分叉，前部尾椎柱体是轻微前凹型；巨龙科恐龙除第一尾椎是双凸型，后面的尾椎都是强前凹后凸型，神经弧位于柱体前半部；腕龙科恐龙荐前椎后凹型，具侧凹大且深，神经棘不分叉，尾椎双凹型。郧县龙背神经棘棒状，前部尾椎短浅双凹型，神经弧前置不明显，这些特征与上述前 5 个科不同，而与腕龙科相近。

蜥足类还有两个科 Euhelopodae 盘足龙科和 Huabeisauridae 华北龙科可进行比较。盘足龙科椎体侧凹浅，颈椎和前部背椎神经棘弱分叉，与郧县龙区别明显。华北龙类尾椎双凹型，神经棘位于椎体前半部，股骨窄而扁（图 3-19），郧县龙尾椎神经弧前置不明显，股骨粗壮，股骨头浑圆状可与其区别。综合起来分析腕龙科的许多种属多分布在晚侏罗世至早白垩世，除了尾椎与郧县龙相似外，其他骨骼结构形态都存在较大差异，尤其是肢骨的特点，腕龙类前肢较长，肱骨：股骨比率是（0.9～1.05）：1；郧县龙肱骨：股骨比率是 0.71：1，相似于巨龙类，是比较进步的类型，分布的时代也较晚，暂将其置于巨龙科，拟建新属新种 *Yunxianosaurus hubeinensis*（gen. et sp.nov.）湖北郧县龙。

2）蜥臀目 Saurischia Seely，1888

　　蜥脚亚目 Sauropoda Marsh，1878

　　　圆齿蜥龙超科 Homalosauropodoidea Young，1958

　　　　华北龙科 Huabeisauridae Pang，2000

　　　　　华北龙（未定种）*Hubeisaurus* sp.

标本材料：尾椎中后部椎体、股骨、坐骨、耻骨等。

产地及层位：湖北省郧阳梅铺镇李家沟西坡 1 号采坑；白垩系马家村组中段第一骨层。

特征：尾椎双凹型，六方柱状，神经弧位于椎体的前半部。耻骨宽板状，近端较扩展。坐骨呈牛轭状，骨干宽短扁平。股骨直长扁窄，股骨头扁球状，第四转节呈隆脊状位于骨干后内侧中上部。

标本描述：图版Ⅱ8～11，图版Ⅲ12，图版Ⅵ33。

尾椎：仅有中后部尾椎椎体，六方短柱状，中部微收缩，腰面具浅槽，背面与神经弧关节的骨缝清晰，骨缝位于柱体前半部，中部柱体腰侧具脉弧面，且后脉弧面大于前脉弧面。后部柱体横径减小较快，纵向长度相对减少较慢而呈细长柱状或小棒状（表 3-7）。

表 3-7　尾椎椎体测量

编号	椎体长/毫米	椎体前		椎体后		备注
		宽/毫米	高/毫米	宽/毫米	高/毫米	
34	62	62	58	62	54	
16	60	56	57	58	57	
22	56	>45	43	51	48	破损
35	45	42	39	41	39	
101	39	41	36	39	36	

续表

编号	椎体长/毫米	椎体前		椎体后		备注
		宽/毫米	高/毫米	宽/毫米	高/毫米	
33	33	34	32	34	31	
52	32	32	28	32	28	
72	31	30	27	27	24	
104	30	29	25	28	24	
67	29	23	22	22	21	
71	26	23	22	23	22	
77	26	—	12	18	15	破损，细柱状
76	23	16	16	14	16	细柱状
108	22	16	15	14	15	细柱状

耻骨：编号 SHP5。骨干宽片状，近端外侧稍凸，内侧平稍有弯曲，近端上部呈外凸内凹，关节面端视似长菱形，近端骨干边缘局部破损，可见耻骨孔残留边缘。骨干中下部稍有收缩，至远端前后扩张似舌状。

股骨：编号略。四块标本材料，一块为扁球状股骨头；一块为股骨上段，具扁平股骨头和直长窄扁的骨干；另两块为骨干中段，也具窄扁特征，第四转节呈隆脊状。

坐骨：编号略。多块标本，骨干远端部分多保存不全。骨干呈宽牛轭状，近端强烈扩张。肠骨突短粗，关节面半圆形。耻骨突呈宽弧形扁平的骨片，关节面呈弯曲的楔形。

鉴定和讨论：1 号采坑所获能与不寻常华北龙骨骼比较的标本不多。尾椎双凹型，神经弧与椎体间的骨缝明显位于椎体前半部。其他采获的骨骼标本大小差异显示，应是不同成长阶段不同个体的遗骸，坐骨牛轭状，骨干短而扁平，耻骨宽大，近端强烈扩大，股骨窄扁，股骨头扁球状可与之进行比较。华北龙科是庞其清和程政武研究山西天镇晚白垩世蜥脚类恐龙新建立的一个科，根据 1 号采坑中这组标本的组合特征暂归于华北龙科华北龙属。属种鉴定的可靠程度有待深入研究和继续发掘。

其他 1 号采坑不能进一步鉴定的化石有以下 5 类：①颈椎，编号 SCC42。椎体长，扁圆柱状，后凹型，前端球状凸起；侧凹大且深结构复杂；具较深的腰凹，腰缘前端两副突间凹陷最深；从断面可知骨内中空，中空的部分被泥质充填。编号 SCC114 颈椎椎体与前者相近但较小，保存较好，有一分散保存的神经棘可与其大致相配，神经弧低，神经棘破损但仍可辨其为“U”形分叉。1 号采坑中存在大量破碎具空洞构造的椎体，推测可能保存有圆顶龙类恐龙遗骸。②头骨碎片、掌骨、指骨、跖骨、趾骨数量较多，有待进一步分析研究。③荐肋是单独保存的标本材料，由于只有郧县龙保存有部分荐椎椎体，其中有部分荐肋适合与其相关节，故推测可能有郧县龙的荐肋。④大量各类肋骨碎段、颈肋标本有一根较完整，肋骨类修复研究工作有待进行。⑤未识别出具体解剖位置较完整的标本材料若干，有待资料查证。大量骨骼碎片有待潜心修复整理。

图版说明

图版Ⅰ

李家沟龙 *Lijiagousaurus*

1.右股骨前视。

2.右胫骨近端和远端外侧视。

3.右距骨背视。

4.左坐骨　a.外侧视;b.内侧视。

5.右腓骨　a.内侧视;b.外侧视。

6.左肩胛骨　a.内侧视;b.外侧视。

图版Ⅱ

巴克龙 *Bactosaurus*

7.左上颌骨　a.内侧视;b.腰视;c.外侧视。

华北龙 *Huabeisaurus*

8.股骨骨干后侧视。

9.股骨骨干内侧视。

10.股骨近端侧视。

11.股骨端端视。

图版Ⅲ

12.左耻骨　a.外侧视;b.内侧视。

湖北郧县龙 *Yunxianosaurus hubeinensis*

13.左乌喙骨　a.外侧视;b.内侧视。

14.左桡骨。

15.左尺骨　a.外侧视;b.内侧视。

16.右耻骨　a.内侧视;b.外侧视。

图版Ⅳ

湖北郧县龙 *Yunxianosaurus hubeinensis*

17. a.后部荐椎腰视;b.前部荐椎腰视;c,d.腰视。

18. a,b,c,d,e.前部尾椎背视。

19.右肠骨　a.内侧视;b.外侧视。

20. a.背椎神经弧背视;b.神经棘背视。

21.荐椎神经弧背视。
22. a,b.颈椎背视;c,d.背椎椎体左侧视。
23. a,b.背椎神经弧棘前视。
24.荐椎神经棘前视。
25. a,b.颈椎右侧视;c,d.背椎椎体右侧视。

图版V

湖北郧县龙 *Yunxianosaurus hubeinensis*
26.右肩胛骨 a.外侧视,b.内侧视。
27.背椎椎体 a.后视;b.腰视;c.前视;d.背视。
28.左胫骨 a.外侧视;b.内侧视。
29.左腓骨外侧视。

图版Ⅵ

湖北郧县龙 *Yunxianosaurus hubeinensis*
30.趾骨。
31.左股骨后侧视;右肱骨外侧视。
32.左股骨前侧视;右肱骨内侧视。
33.华北龙肠骨 a.外侧视;b.内侧视。
34.郧县龙荐肋。

图版

图版 I

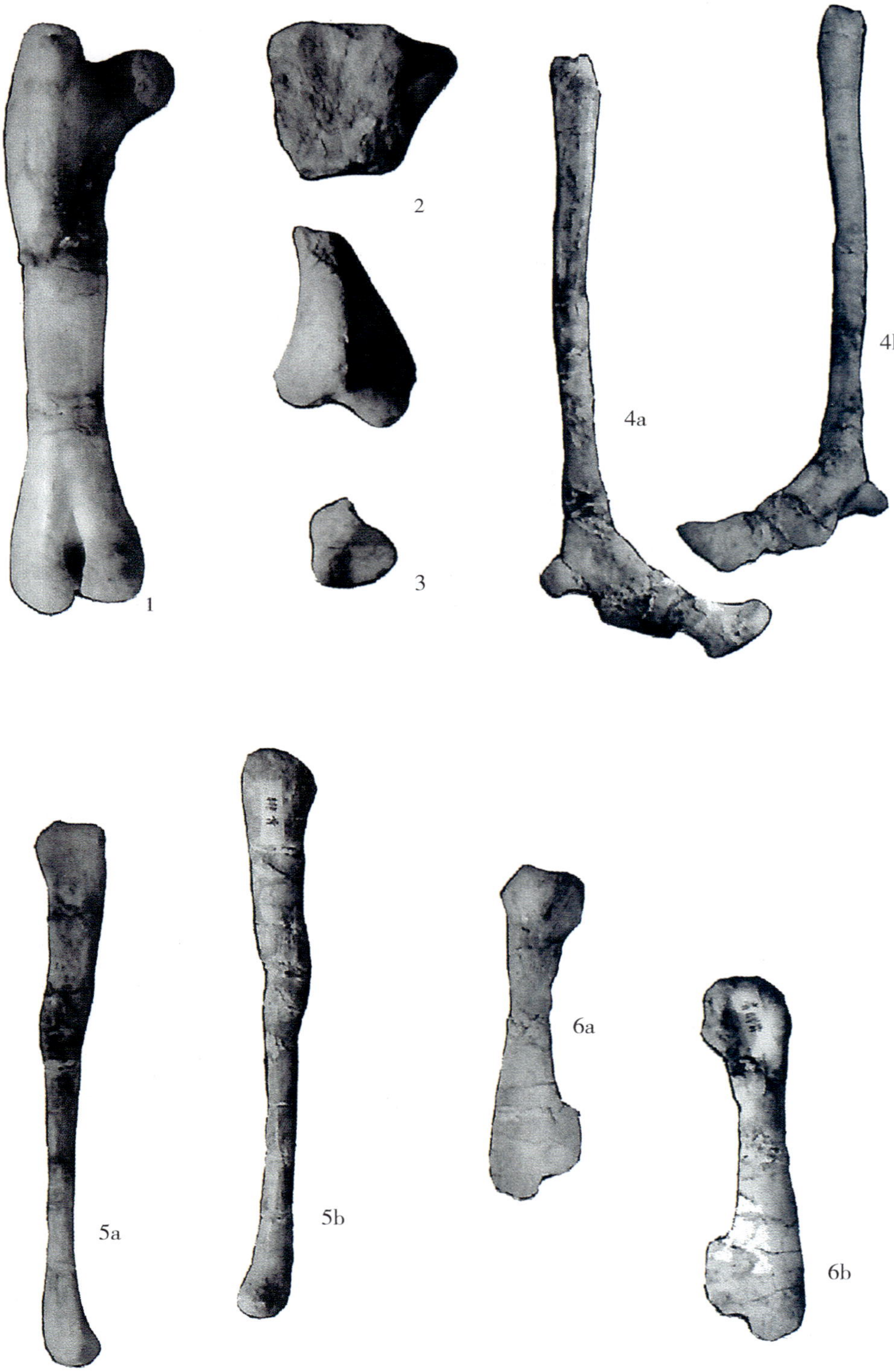

图版Ⅱ

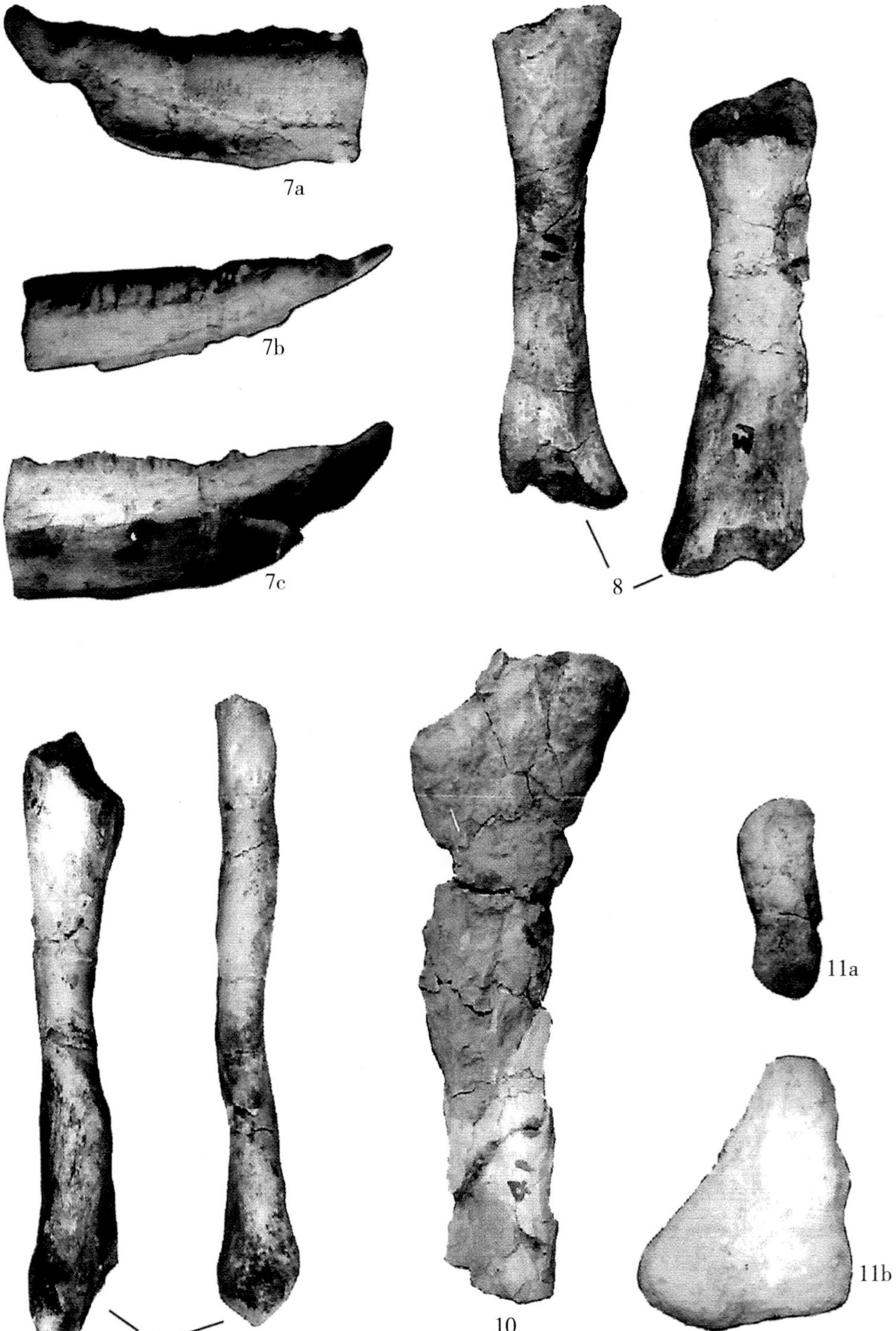

图版Ⅲ

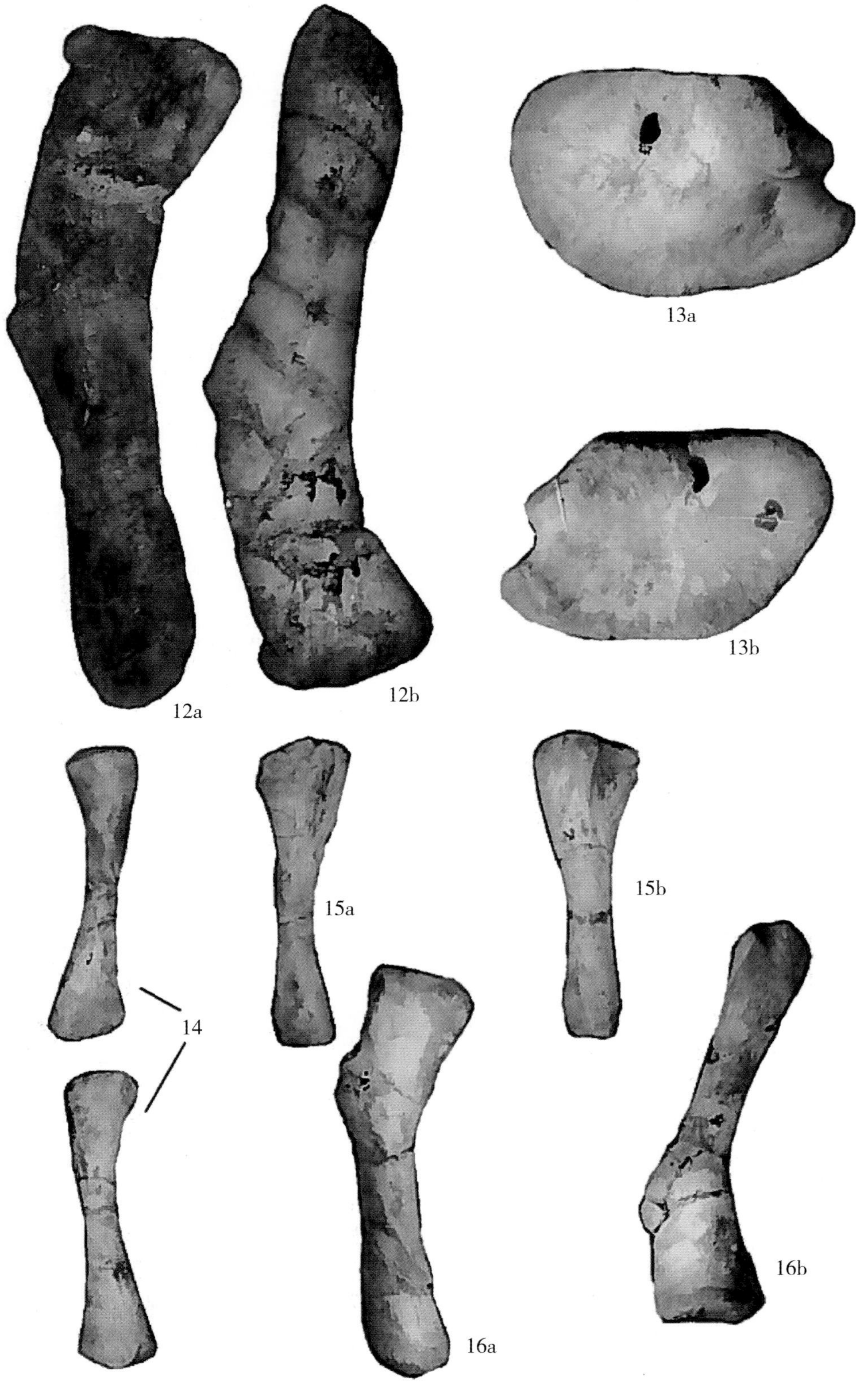

图版Ⅳ

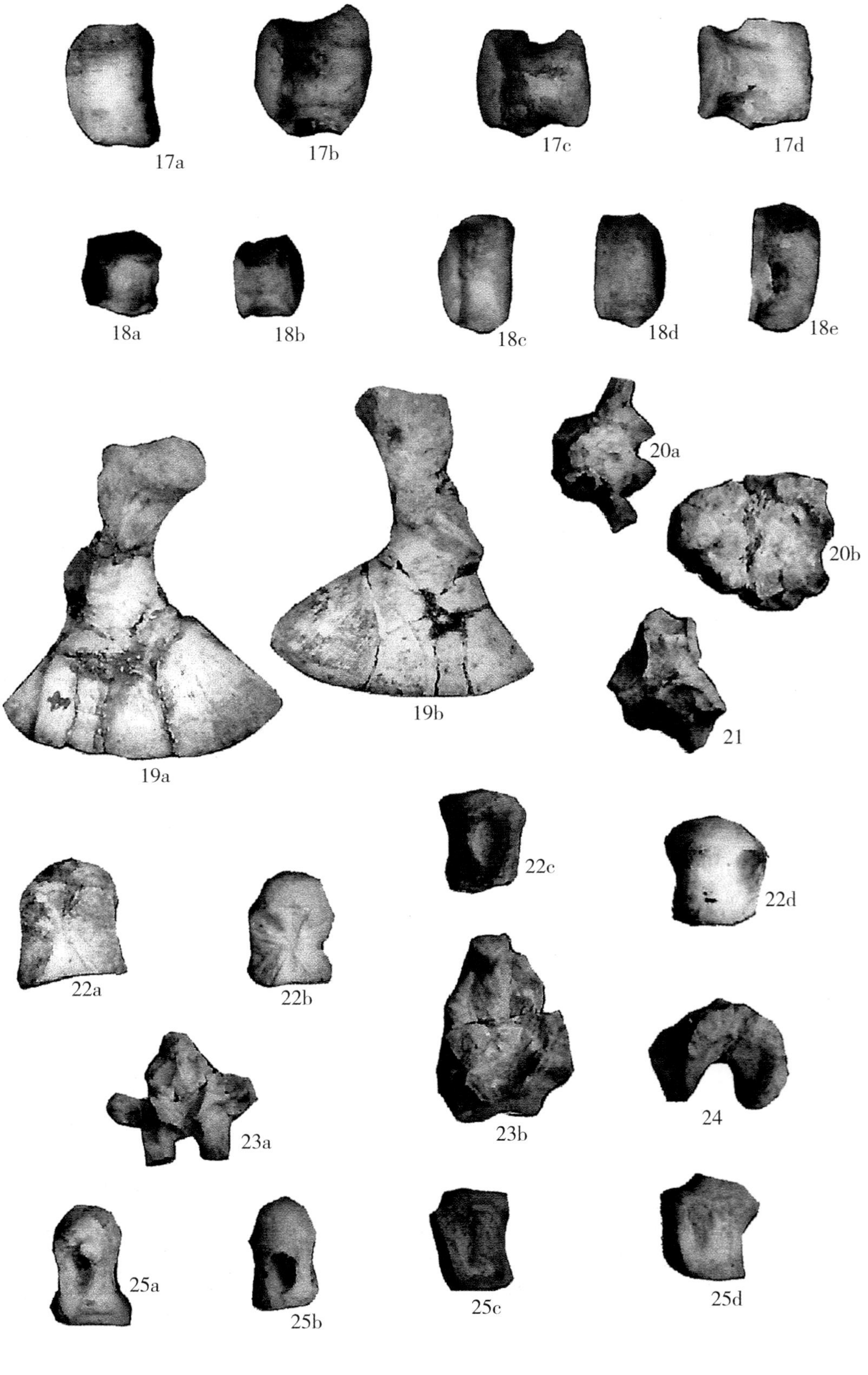
17a
17b
17c
17d
18a
18b
18c
18d
18e
20a
20b
19b
21
19a
22c
22d
22a
22b
23a
23b
24
25a
25b
25c
25d

图版Ⅴ

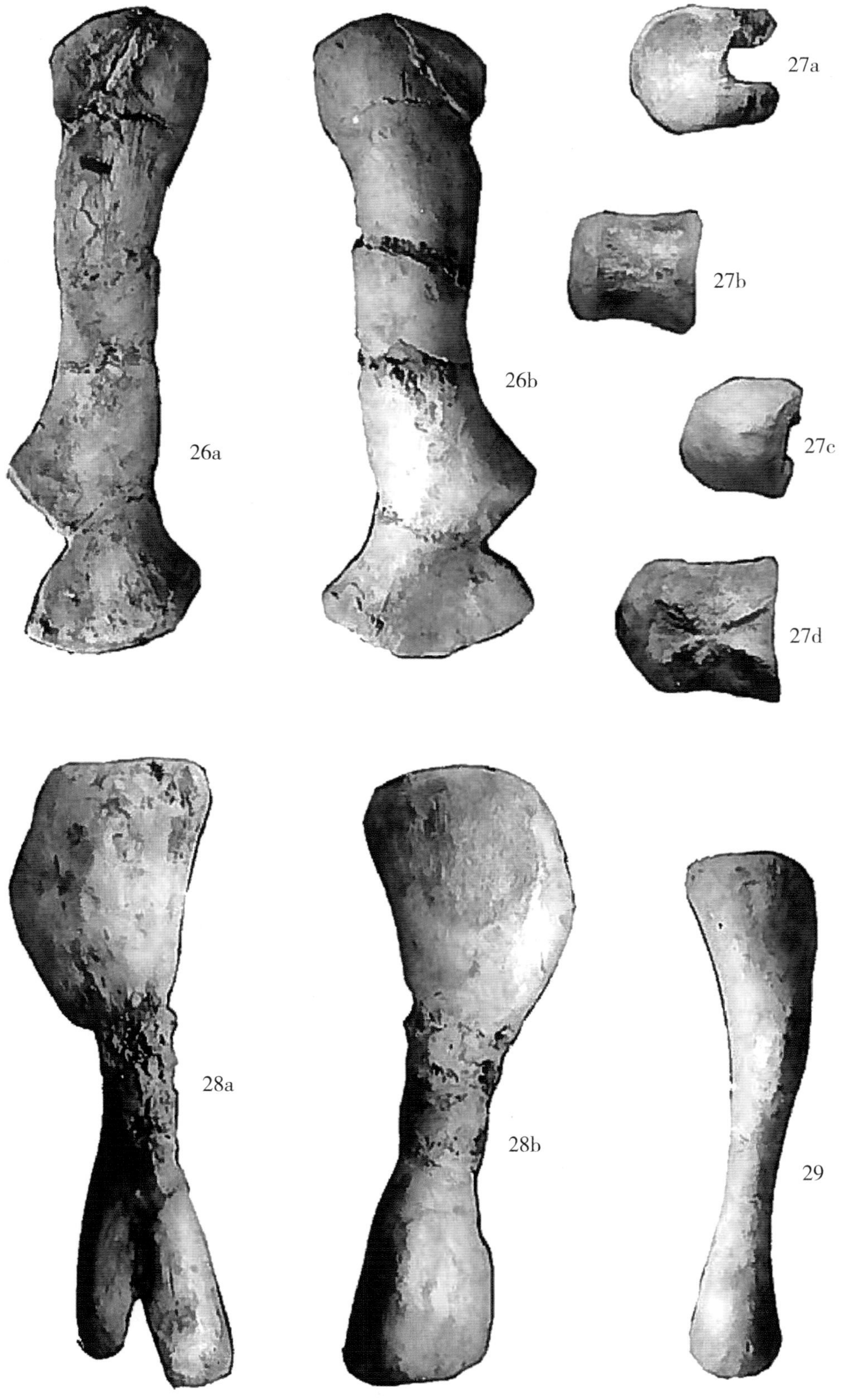

图版Ⅵ

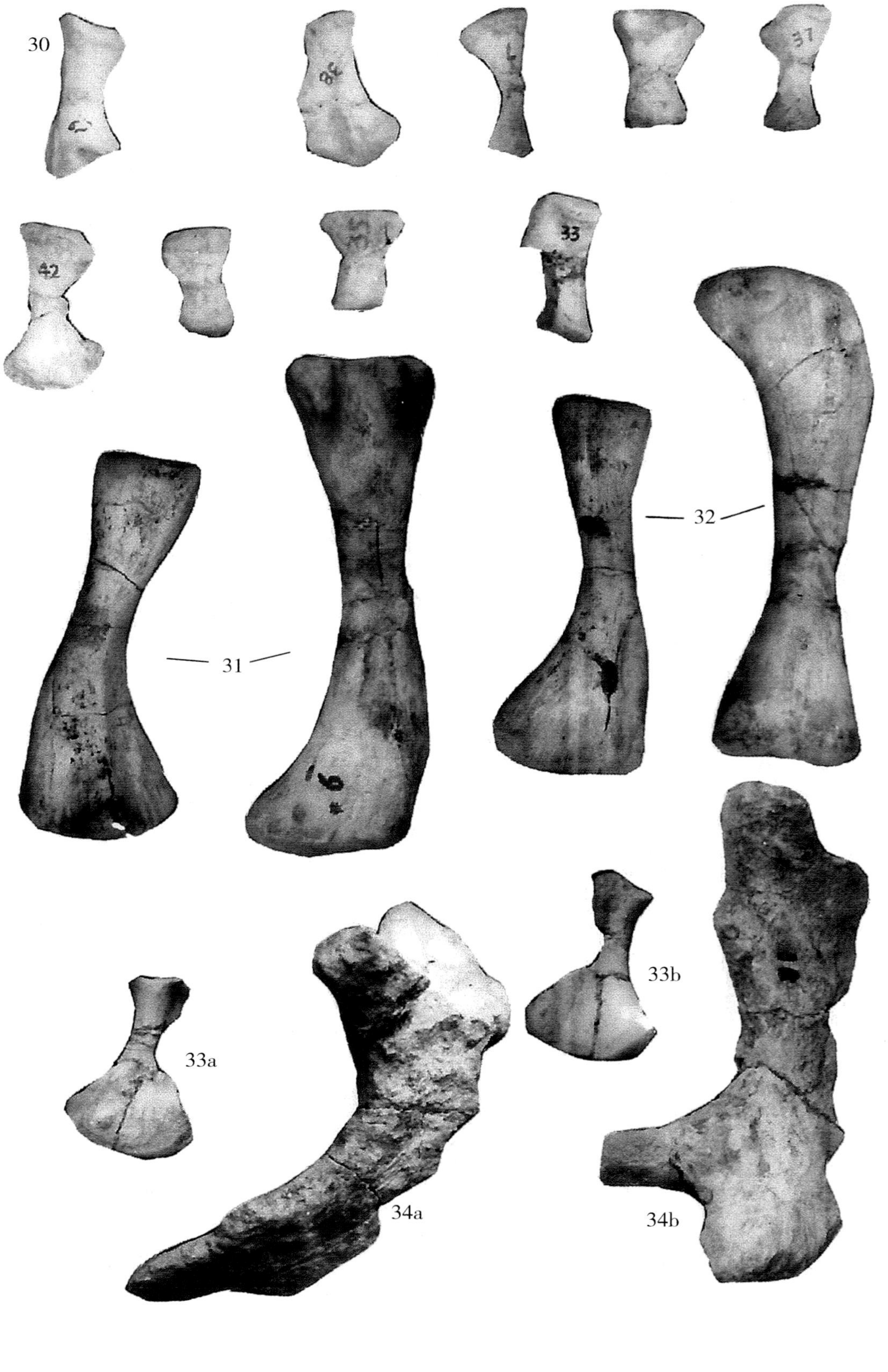

3.2　郧阳恐龙蛋化石类型与特征

3.2.1　恐龙蛋与恐龙蛋化石

1.恐龙蛋与恐龙蛋化石

恐龙蛋是一种生活在距今 2.4 亿—0.655 亿年的名叫“恐龙”的爬行动物下的蛋。对于人类来说，这是一个距今很遥远的年代，地史上把恐龙繁盛的这个年代叫作中生代。恐龙属于爬行动物，它和现今还能看到的爬行动物如鳄鱼、蜥蜴、蛇等爬行动物一样，是卵生繁殖的动物。恐龙蛋是恐龙产的卵（图 3-19），它具有坚硬的外壳，由蛋壳、蛋白和蛋黄组成，恐龙蛋是恐龙生命的胚胎形式。恐龙蛋化石是指埋藏在地下岩石中已经石化的恐龙蛋，是稀有的古蛋类化石。

图 3-19　青龙山的两窝恐龙蛋化石

2.恐龙蛋化石如何分类

至今在全世界已发现的恐龙蛋化石很多,形态各异、千差万别。特别在我国,保存完好的恐龙蛋窝和恐龙蛋化石分布广泛、类型多样。但是,即使在某些含恐龙蛋化石地层中发现了许多共生的恐龙骨化石,也很难肯定某种蛋就是由某种恐龙产的,因为仅仅根据恐龙化石与恐龙蛋化石之间在形态特征上的差异或相似程度是很难鉴别它是哪一种恐龙下的蛋,或者是与那种恐龙可能有亲缘关系。因此,在实际鉴定过程中,经常碰到无法归类的困难和似是而非的困境,如何分类和命名特别是参照生物学的分类方式分类,就成为恐龙蛋化石研究需要首先解决的问题。

赵资奎(1975,1979,1994)提出:根据恐龙蛋化石的宏观和微观形态特征的对比,可以将恐龙蛋按种、属、科等分类层次划定分类方法。它们的正式命名采用生物分类的双名法,即学名由属名和种名组成。为了避免与别的分类系统发生混淆,并建议属名的后缀一律为oolithus(oo,希腊语,蛋;lith,希腊语,石)(赵资奎、王强、张蜀康,2015)。目前这一分类和命名方法已得到许多相关学者的认可,以这一分类方法为基础,在国际上已初步建立起一个通用的恐龙蛋化石分类系统。目前,恐龙蛋化石的分类主要依据下述特征。

(1)蛋化石宏观形态特征:蛋的形状、大小、蛋壳厚度和蛋壳外表面纹饰等。恐龙蛋的形状,如圆形、扁圆形、椭圆形、长形等(图 3-20)。恐龙蛋化石的形状和大小,一般通过测量蛋化石的长径、赤道直径来计算蛋化石的形状指数(形状指数 = 赤道直径 100/长径来确定,其中形状指数反映的是蛋化石在长径方向上延伸的程度)。形状指数 90~100 的为圆形蛋[图 3-20(a)]; 形状指数 80~90 的为扁圆形蛋[图 3-20(b)];形状指数 50~80 的为椭圆型蛋[图 3-20(c)] ;形状指数<50 的为长形蛋[图 3-20(d)]。

(2)蛋壳微观形态特征:对蛋壳组织结构的认识是以现生蛋壳的有关知识为依据,但是有一定局限性。现生蛋壳的有机物质,如卵壳膜、护膜、充填在气孔道中的原纤维以及钙质层中的有机网状结构(基质)等,在蛋化石中一般是保存不了的,而可供研究的只是结晶质的钙质层的特征,如壳单元的形状、大小、排列形式及气孔道形状等。这些结构特征,在普通光学显微镜、偏光显微镜和扫描电镜下都能观察得到(图 3-21)。

在用光学显微镜和扫描电镜观察蛋壳样品之前,需要将蛋壳样品制成径切面(radial section,垂直于蛋壳内外表面的切面)和弦切面(tangential section,平行于蛋壳内外表面的切面)镜检标本。在制作组织切片时,先将蛋壳样品包埋在树脂中,再沿径(弦切面方向)将样品切开,把切开的样品黏在玻片上,并在要观察的切面上黏上载玻片,在切片机上切下厚度为 100~200 微米的薄片,最后用磨片机磨成厚度为 30~40 微米的薄片并抛光,覆上盖玻片后即可在显微镜下观察(图 3-22、图 3-23)。

(3)行为特征:不同类型恐龙蛋在蛋窝中的排列方式不尽相同,这种差异也可以作为恐龙蛋化石的分类特征。例如,蛋窝的大小、蛋在蛋窝中的排列方式及蛋化石之间的间距等(图 3-24)。这些均反映出不同种类的恐龙有不同的筑巢产蛋行为,在野外调查观察时,要尽可能地对蛋化石的埋藏特征进行详细描述,科学地采集样品。

(a)圆形蛋;(b)扁圆形蛋;(c)椭圆形蛋;(d)长形蛋

图 3-20　蛋化石宏观形态示意图

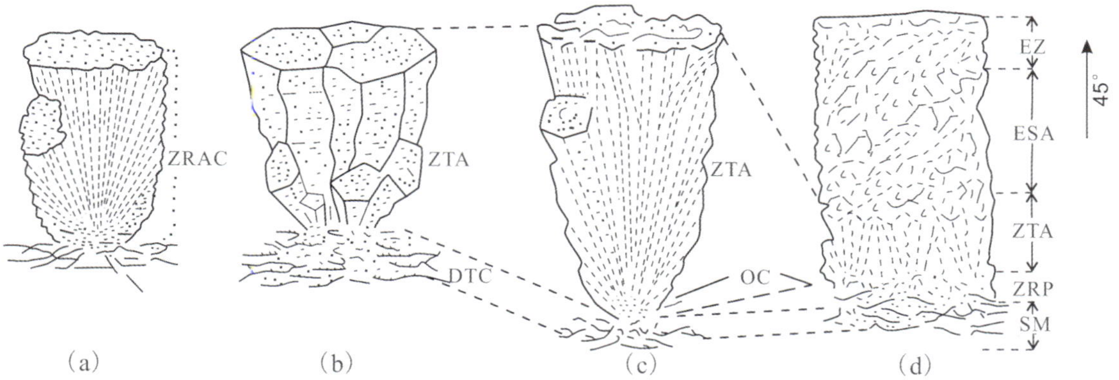

DTC.离散结晶体;EZ.延续带;OC.球节;SM.壳膜;ZRAC.放射状文石结晶带;

ZRP.放射状鳞板带;ZSA.鳞片集合带;ZTA.板状集合带

(a)龟鳖;(b)鳄鱼;(c)恐龙;(d)鸟禽

图 3-21　蛋壳示意图(据 Mkihailov,1992)

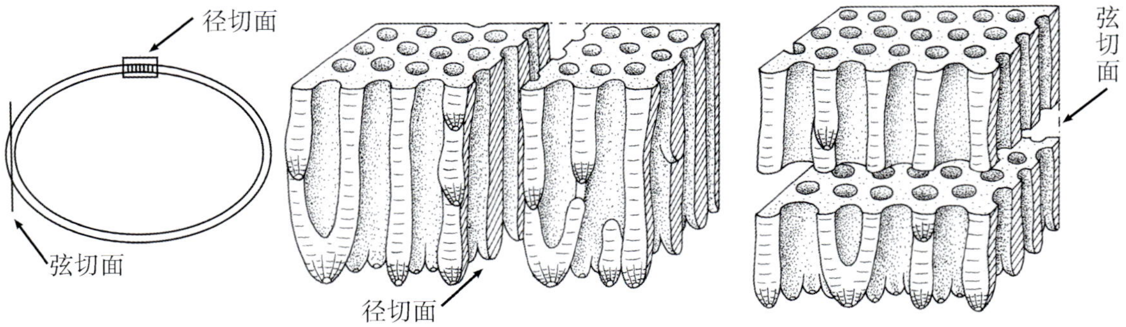

图 3-22　蛋壳镜检标本制作方法示意图(据赵资奎、王强、张蜀康,2015)

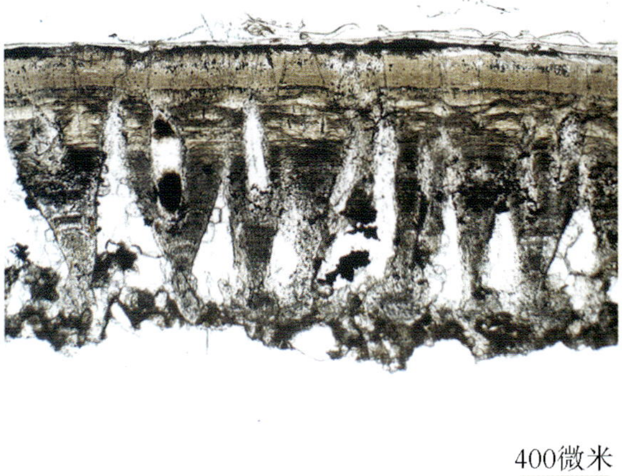

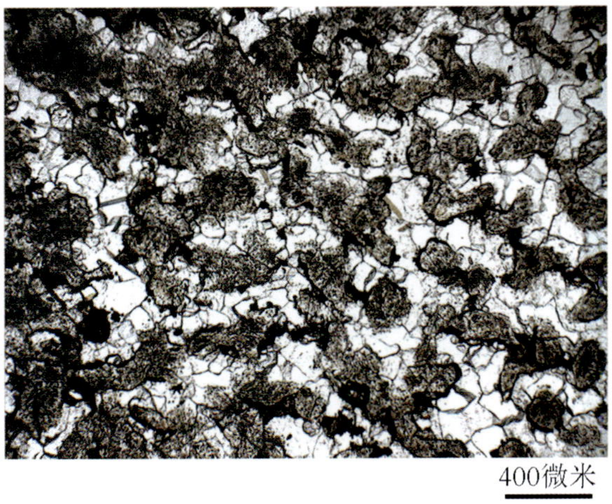

(a)径切面;(b)弦切面

图 3-23　沈氏扁圆蛋类蛋壳显微结构特征对比图

左图为长形蛋蛋窝,一般为食肉类恐龙的蛋窝;右图为扁圆形蛋蛋窝,一般为素食类恐龙的蛋窝

图 3-24　成窝状分布的两窝恐龙蛋

3.2.2　郧阳恐龙蛋化石分布与主要类型

1.恐龙蛋化石的分布特征

恐龙蛋化石是一类珍稀的古蛋类化石，目前在全球五大洲均有发现，至今已有报道的国家有中国、蒙古、法国、西班牙、美国、巴西、阿根廷、巴基斯坦、韩国、俄罗斯、印度、坦桑尼亚、秘鲁、加拿大、葡萄牙、罗马尼亚等。我国是世界上恐龙蛋化石最丰富的国家，主要分布在内蒙古、山东、广东、江西、湖南、湖北、吉林、辽宁、江苏、浙江、陕西、新疆、甘肃、宁夏、四川、安徽等 17 个省区市。据《中国古脊椎动物志》第二卷第七册（赵资奎、王强、张蜀康，2015）查证与确认，目前中国共记述了 13 个蛋科、29 个蛋属 65 个蛋种，其中有 15 个存疑蛋种。

湖北省至今已发现的恐龙蛋化石产地有 10 处以上，主要分布在湖北西部，中东部仅在安陆有所发现（图 3-25）。其中以郧阳（以前称郧县）发现最多，已知有 6 处产地，全部分布在郧阳断陷盆地内，几乎在有晚白垩世地层出露的地层中基本都可以找到恐龙蛋化石（图 3-26）。

郧县（现郧阳区）恐龙蛋化石群国家地质公园内的恐龙蛋化石，主要分布在青龙山恐龙蛋化石群园区内，即分布在郧阳柳陂镇李家沟村及贺家沟村两个自然村内，由南东向北西经卧龙山、红寨子、青龙山、土庙岭、磨石沟、庄挡沟至郑家沟，延长约 3.5 千米，分布面积约 4 千米^2（图 3-27）。

图 3-25　湖北省恐龙蛋化石产地分布图

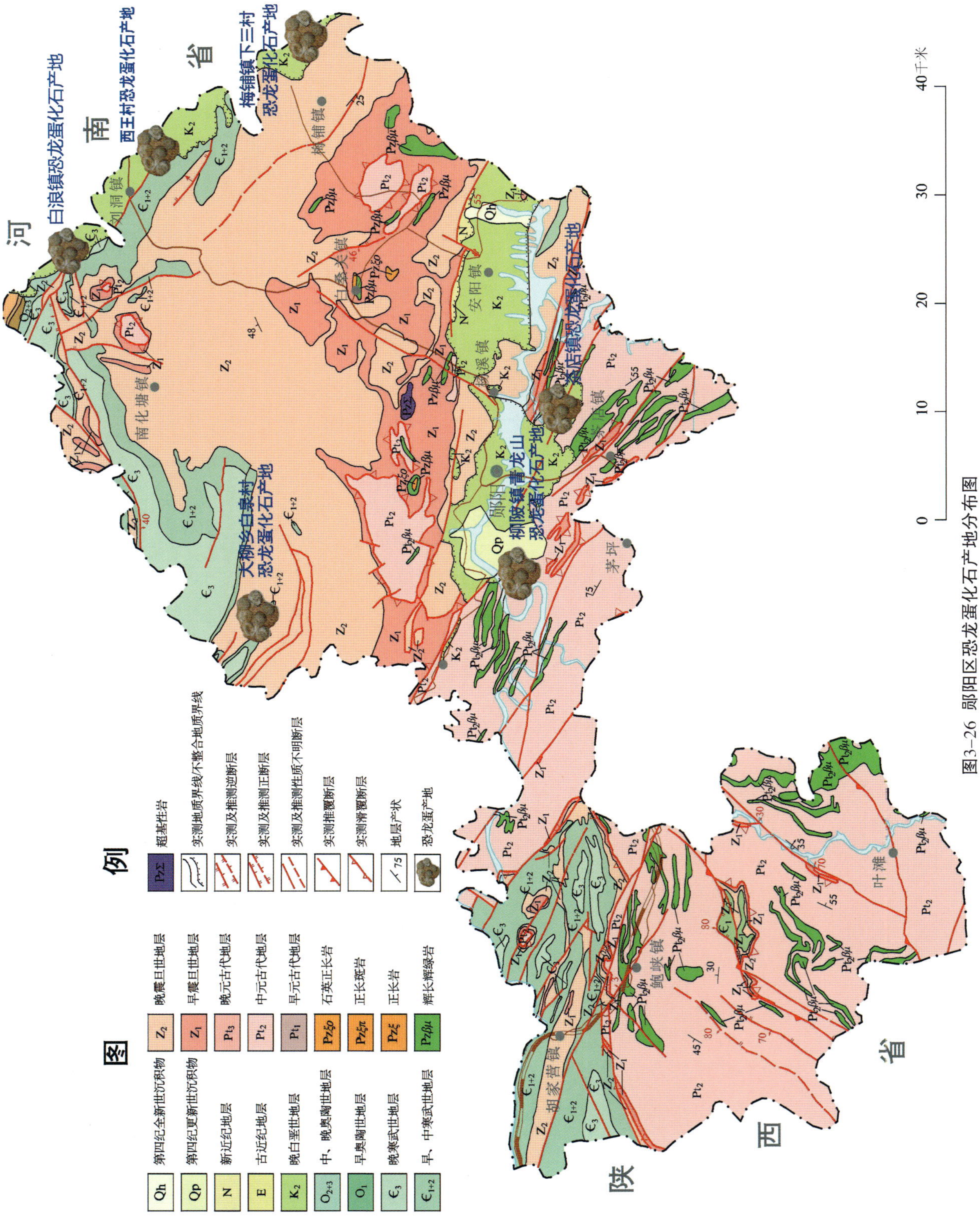

图3-26 郧阳区恐龙蛋化石产地分布图

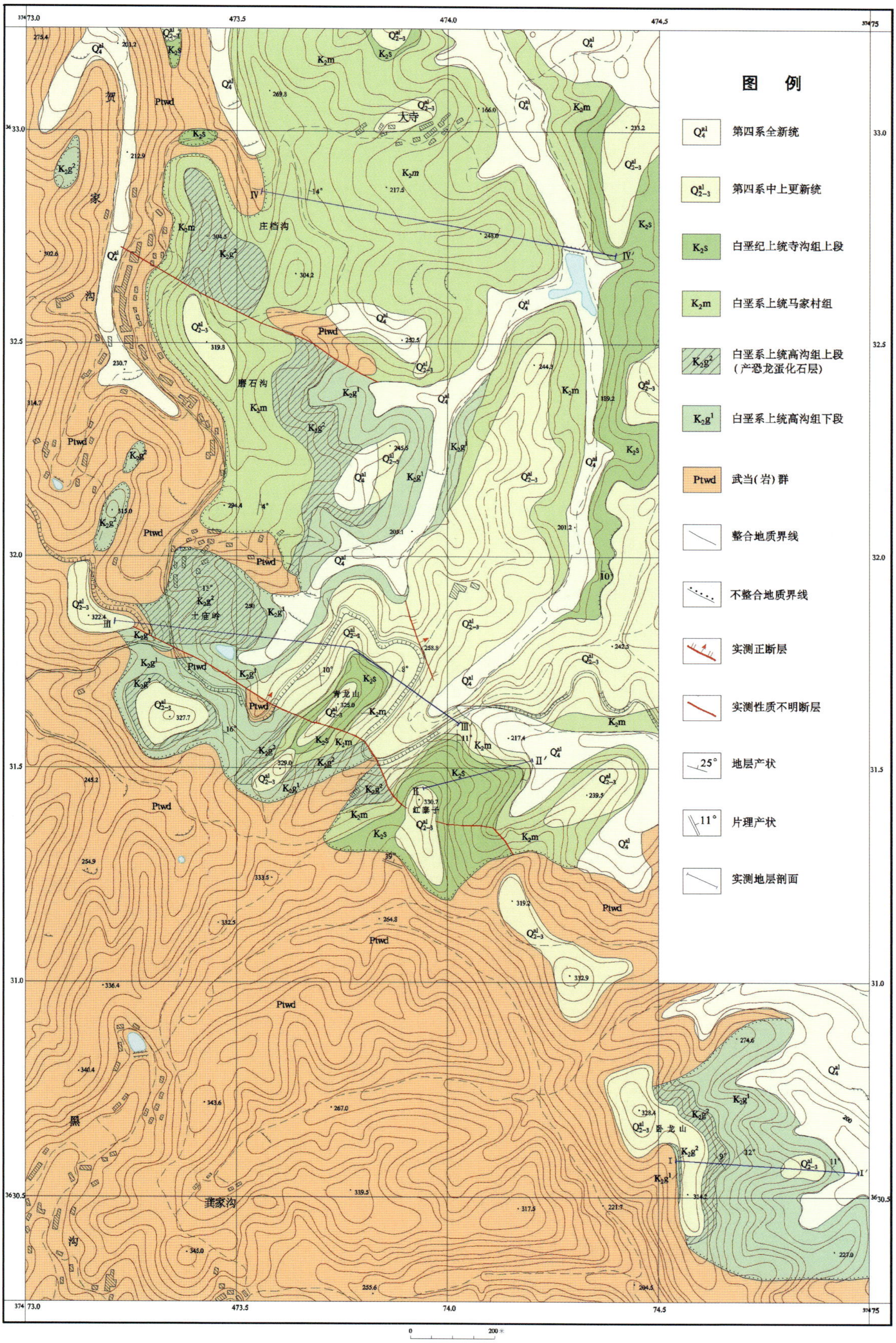

图 3-27　青龙山恐龙蛋化石群园区恐龙蛋化石分布图

2.郧阳恐龙蛋化石群资源特征

郧县(今郧阳区)青龙山恐龙蛋化石群是目前国内外已发现的近220处恐龙蛋化石产地中自然属性最强的少数产地之一,保存最完好的蛋化石群之一;也是我国17个恐龙蛋化石产地中两处(湖北、河南)产恐龙蛋化石最多、最典型的产地之一。而青龙山后期保护更好,成为目前地表保存面积最大的恐龙蛋化石群,其在国内外所表现的典型性、稀有性、科学价值和经济价值主要体现在以下4个方面。

(1)数量大、密度高。郧阳恐龙蛋化石群国家地质公园内的恐龙蛋化石分布密集。蛋窝间距一般3~5米(图3-28),每窝蛋数目5~25个,最多一窝达89个(图3-29),中国科学院古脊椎与古人类研究所赵资奎研究员说,他走遍了全国的恐龙蛋化石产地,也去过国外的一些恐龙蛋化石产地,一窝恐龙蛋达89个,这是第一次看到。据不完全统计,现已出露的恐龙蛋化石已达2000余个,如按每100平方米产1个蛋估算,在2平方千米范围内产20000枚以上(实际要多些)。恐龙蛋化石如此丰富,在国内外罕见。

图3-28　蛋窝间距3~5米

(2)埋藏浅,产化石层位多,蛋窝保存完整。恐龙蛋化石大多产出在近地表,稍加揭露即可见到成窝分布的恐龙蛋化石。产化石层位多,在土庙岭一条剖面上就见有6个产恐龙蛋化石小层在剖面上叠置,其他一般也有2~4层(图3-30)。恐龙蛋化石基本成窝出现,原始恐龙蛋窝保存完整(图3-31),蛋窝结构完整,形式多样是研究恐龙产蛋方式,恐龙蛋化石埋藏环境的宝贵基地。

(3)类型较丰富,种类多。截至2013年8月底,仅在柳陂镇青龙山村恐龙蛋化石产地,已发现恐龙蛋化石就有 5 科 7 属 11 种。经过进一步研究，还有可能发现一些新的类型(图 3-32)。

图 3-29　一窝恐龙蛋化石(89 个，照片只显示一部分)

图 3-30　剖面上见三层恐龙蛋化石

图 3-31　恐龙蛋窝保存完整

(4)地层剖面完整，层序清晰，科学价值高。由于覆盖层薄，岩石大多裸露，含恐龙蛋化石地层剖面连续完整，层序清晰，代表了生物进化史中一段重要的历史进程，为研究中生代特别是晚白垩世地壳运动及其当时的古地理、古气候、古生态以及这一时期的生物进化提供了大量的实物证据(图 3-33)。恐龙蛋化石基本成窝出现，未发生迁移和搬运，原始蛋窝保存完整,蛋窝结构多样,是研究恐龙产蛋方式、蛋窝结构、恐龙蛋化石埋藏环境的宝贵基地。

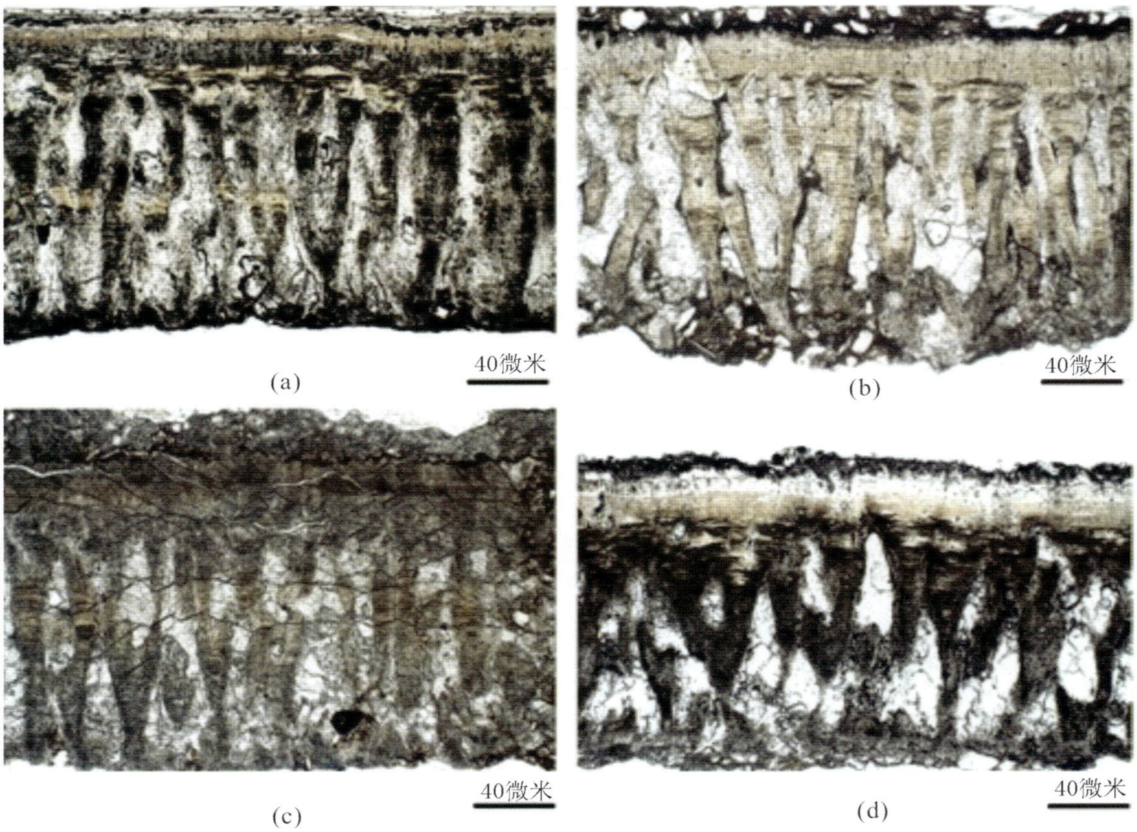

(a)(b)土庙岭扁圆蛋;(c)王店树枝蛋;(d)滔河扁圆蛋壳结构图

图 3-32 新类型的恐龙蛋化石

图 3-33 土庙岭冲积扇剖面

恐龙的出现与绝灭，与中生代地球的演化、地质运动进程有十分密切的关系，代表了生物进化史中一段重要的历史进程。青龙山恐龙蛋化石群，为研究中生代特别是晚白垩世地壳运动及其当时的古地理、古气候、古生态提供了大量的实物资料，为研究这一时期的生物进化提供了大量的实物证据。

自生命产生以来，生物进化经过了若干阶段才到达现在的人类社会。对于生物进化和演化，虽然有各种学说进行解释，但任何生物的进化和演化，出现或死亡，无不是因适应环境或不适应环境而发生。恐龙在统治地球近 1.6 亿多年后而突然绝灭，所有的解释都落在环境变化这一论点之上，是环境变化决定了它们的兴衰。恐龙蛋化石的保护与保存，为研究恐龙的绝灭环境提供了实证，人类如何遏制环境的恶化，保存一个适合生存的空间，恐龙绝灭的原因可成为人类的借鉴。

3.郧阳青龙山恐龙蛋化石自然保护区蛋化石的主要类型与特征

树枝蛋科 Dendroolithidae Zhao et Li, 1988

树枝蛋科为一类近于圆形、扁圆形的蛋化石，因其蛋壳的壳单元具有树枝状分枝而得名。是赵资奎和黎作骢（1988）根据在湖北安陆王店发现的蛋化石建立的。

鉴别特征：蛋化石近圆形或扁圆形，外表面光滑，壳单元呈对称分支或长柱状，常见次生壳单元，近外表融合层的厚度占蛋壳总厚的 1/4。

扁圆蛋属 *Placoolithus* Zhao et Zhao, 1998

修订属征　蛋化石扁圆形，赤道面圆形或近圆形，赤道面长轴 120~170 毫米，短轴 113~158 毫米。蛋化石在蛋窝中上下重叠，或相互间保持一定的距离，总体排列方式不规则。蛋壳厚度 1.26~2.40 毫米，融合层占壳厚的 1/10~1/4，壳单元常在蛋壳中部出现对称或不对称的分枝，有的分枝也接近蛋壳内表面，蛋壳中部弦切面上壳单元直径为 0.05~0.37 毫米，密度为 17~63 个/毫米^2。

土庙岭扁圆蛋（新组合）*Placoolithus tumiaolingensis*（Zhou et al.,1998）comb. nov.

归入标本　HOZ11，一枚基本完整的蛋化石；

地点与层位　湖北省郧阳贺家沟村土庙岭，上白垩统高沟组。

鉴别特征　蛋化石扁圆形，赤道面圆形或近圆形，赤道面长轴 128~170 毫米，短轴 113~158 毫米。蛋壳厚度 1.52~2.40 毫米，融合层占壳厚的 1/10~1/4。壳单元为长柱状，常在蛋壳中部分为对称的两枝，少数情况下出现不对称分枝。壳单元通常较纤细，在径切面上的宽度为 0.11~0.21 毫米，排列较紧密，间隙的宽度一般不超过壳单元的宽度（图 3-34）。蛋壳中部弦切面上壳单元直径为 0.05~0.21 毫米，平均 0.15 毫米，壳单元密度为 31~55 个/毫米^2（图 3-35）。

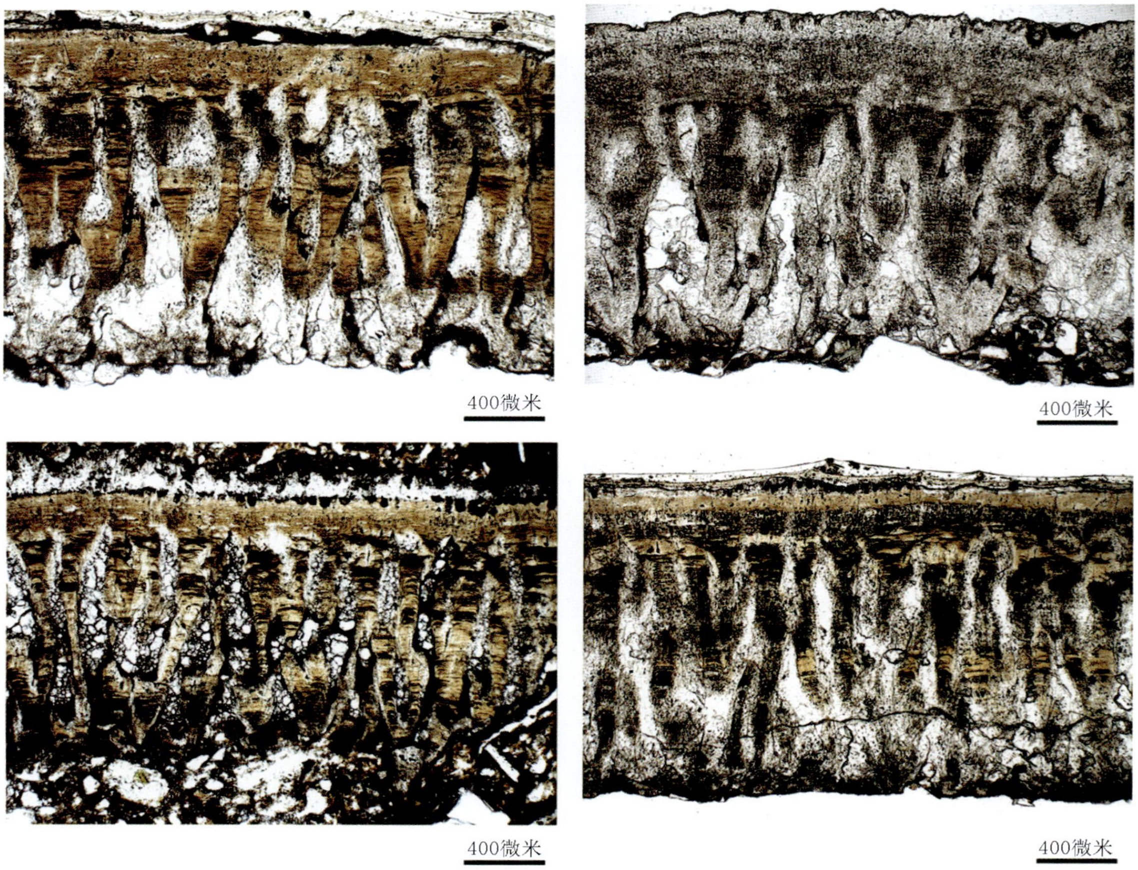

图 3-34　土庙岭扁圆蛋蛋壳径切面显微结构

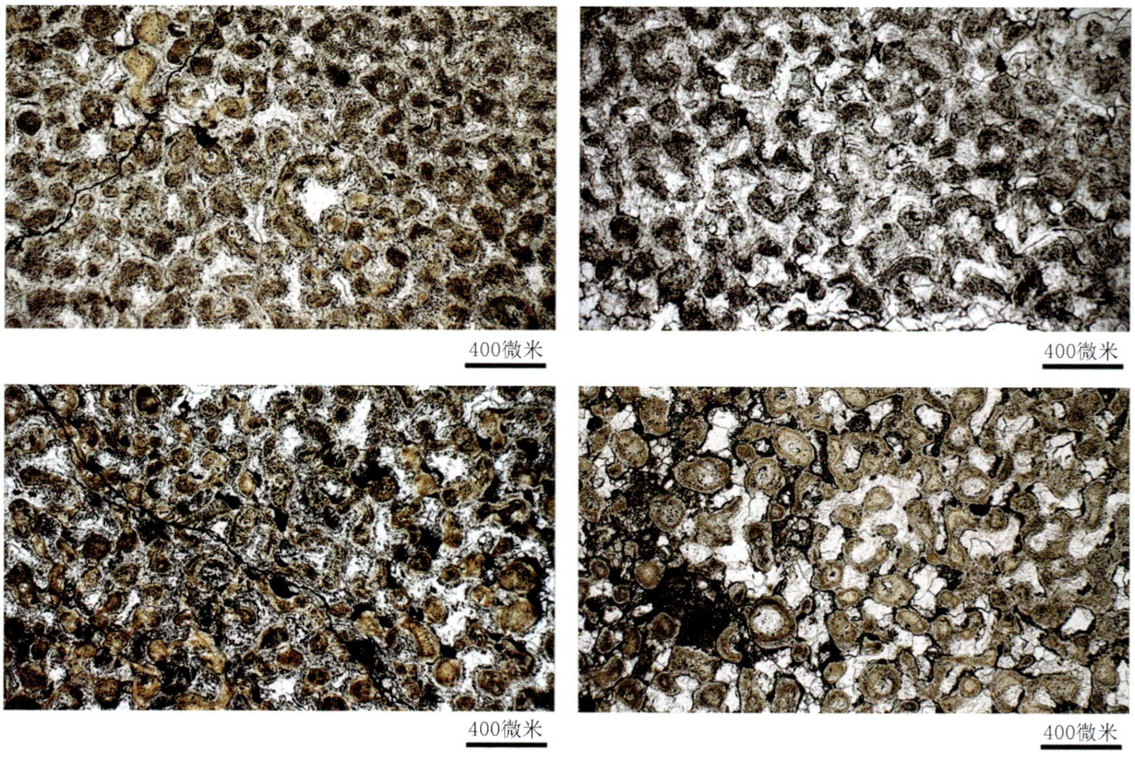

图 3-35　土庙岭扁圆蛋蛋壳弦切面显微结构

郧县扁圆蛋(新蛋种)*Placoolithus yunxianensis* oosp. nov.

词源　“yunxian”为蛋化石产地郧县的汉语拼音。

正型标本　TML-3 中的 13 号蛋,一枚扁圆形的蛋化石。

归入标本　TML-3 中编号为 6、7、8、12、13、26、27、28、30、34、35、36、38 的蛋化石,均为扁圆形的蛋化石(图 3-37)。

地点与层位　湖北省郧阳贺家沟村土庙岭,上白垩统高沟组。

鉴别特征　蛋化石扁圆形,赤道面圆形或近圆形,长轴为 133~161 毫米,短轴为 138~159 毫米[图 3-36(a)]。蛋壳厚度为 1.42~1.58 毫米,融合层厚度约占壳厚的 1/10~1/4。壳单元多为柱状,向蛋壳外表面方向逐渐增粗,部分壳单元在蛋壳中部出现对称的分枝[图 3-36(a)]。蛋壳中部弦切面上壳单元直径为 0.11~0.21 毫米,平均 0.16 毫米,密度为 29~34 个/毫米^2[图 3-36(b)]。

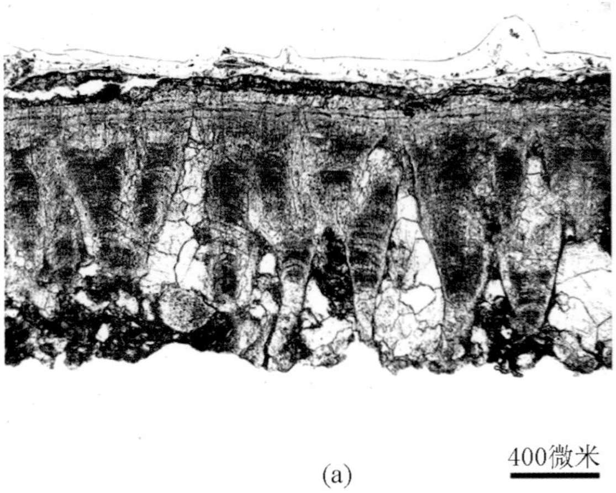

(a)

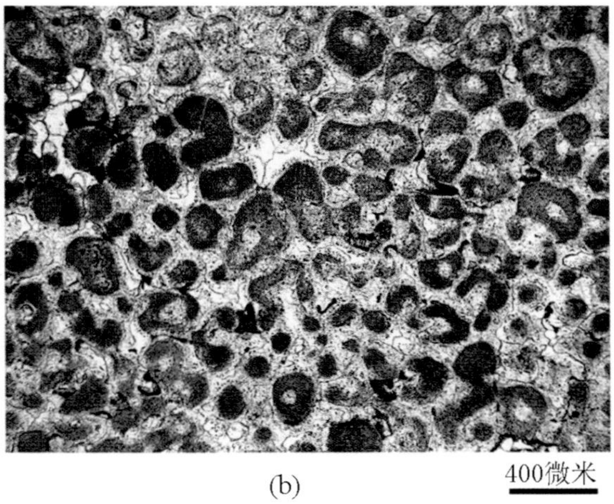

(b)

(a)蛋壳径切面(13 号蛋化石);(b)蛋壳中部弦切面(38 号蛋化石)

图 3-36　郧县扁圆蛋

沈氏扁圆蛋(新蛋种)*Placoolithus sheni* oosp. nov.

词源　种名 sheni 赠给中国科学院古脊椎动物与古人类研究所已故研究员沈文龙先生,纪念他在古生物绘图工作上所做出的贡献。

正型标本　TML-2 中的 4 号蛋,一枚扁圆形的蛋化石。

归入标本　TML-10 中的 2 号蛋,一枚扁圆形的蛋化石。

地点与层位　湖北省郧阳贺家沟村土庙岭,上白垩统高沟组。

鉴别特征　蛋化石扁圆形,赤道面圆形或近圆形,长轴约为 140 毫米,短轴为 123~133 毫米。蛋壳很薄,厚 1.26~1.36 毫米(图 3-37),融合层占壳厚的 1/7~1/6。壳单元在近蛋壳内表面处极细,向蛋壳外表面方向迅速增粗,在蛋壳中部常出现不对称分枝,对称分枝少见。蛋壳近内表面处壳单元间隙较大。蛋壳中部弦切面上壳单元密度为 22 个/毫米^2(图 3-38)。

图 3-37　沈氏扁圆蛋(图中蓝色编号)

(a)　　(b)

(a)蛋壳径切面(TML-10 的 2 号蛋);(b)蛋壳中部弦切面

图 3-38　沈氏扁圆蛋切面

密集扁圆蛋(新蛋种) ***Placoolithus compactiusculus*** **oosp. nov.**

词源　种名为拉丁词,意为“稍密集的”,表示该蛋种壳单元的密度比其他蛋种大。

正型标本　TML-7,包含 5 枚蛋的不完整蛋窝。

地点与层位　湖北郧阳贺家沟村土庙岭,上白垩统高沟组。

鉴别特征　蛋化石扁圆形,赤道面直径 132.56~155.08 毫米,在蛋窝中上下重叠,排列方式不规则。蛋壳厚度 1.73~1.78 毫米,融合层厚度约占壳厚的 1/7。蛋壳壳单元纤细,在径切面上的宽度为 0.05~0.14 毫米,壳单元第一次出现对称分枝的位置接近蛋壳内表面,部分分枝在接近融合层处进一步分成对称的两枝。蛋壳下部壳单元间隙很大,到上部则逐渐减小，近蛋壳外表面处壳单元排列紧密，几乎无间隙。蛋壳中部弦切面上壳单元的直径为 0.08~0.13 毫米，平均 0.11 毫米，壳单元密度为 63 个/毫米²（图 3-39）。

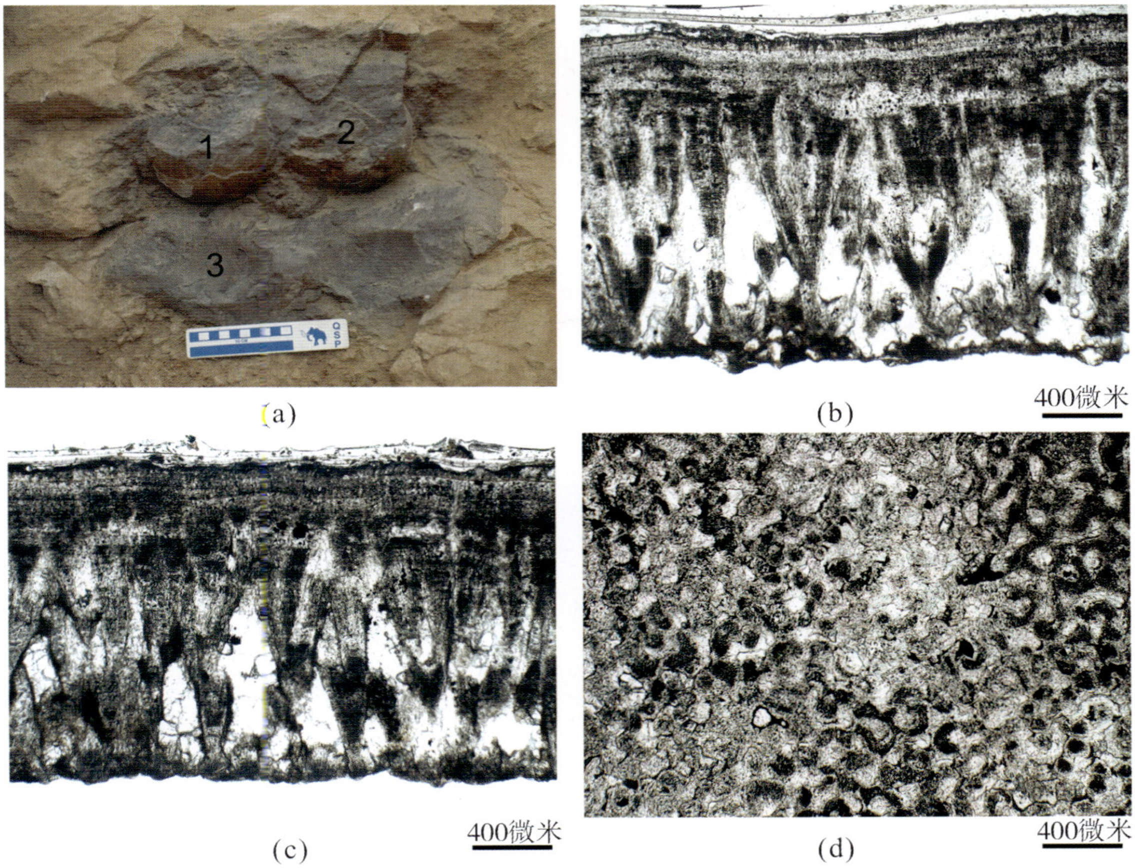

（a）TML-7 不完整的蛋窝；（b）1 号蛋化石蛋壳径切面结构图；
（c）2 号蛋化石蛋壳径切面结构图；（d）1 号蛋化石蛋壳中部弦切面结构图

图 3-39　密集扁圆蛋

柱状扁圆蛋（新蛋种）*Placoolithus columnarius* oosp. nov.

词源　种名为拉丁词，意为“柱状的”，表示该蛋种的壳单元多数为柱状。

正型标本　TML-8，包含 8 枚蛋的不完整蛋窝。

地点与层位　湖北郧阳贺家沟村土庙岭，上白垩统高沟组。

鉴别特征　蛋化石扁圆形，蛋壳厚度 1.78~1.94 毫米，融合层厚度约占壳厚的 1/9~1/6，壳单元多为柱状，向蛋壳外表面方向逐渐增粗，或在蛋壳中部及近内表面处出现对称的分枝，不同的蛋化石上壳单元的直径变化较大。

描述　TML-8 为一个不完整蛋窝，包括印模在内目前可见 8 枚蛋（图 3-40）。这些蛋化石都遭到了严重的挤压和风化，外形改变较大，但仍可看出原来为扁圆形，保存稍好的蛋可以测赤道面的直径。已采样的蛋化石的蛋壳厚度为 1.78~1.94 毫米，融合层厚度约占壳厚的 1/9~1/6，蛋壳壳单元分枝较少，多数为柱状，不同蛋化石间在壳单元直径上出现了较大的变异：3 号和 6 号蛋的壳单元十分粗壮（图 3-40），径切面上宽度为 0.16~0.31 毫米，多数为 0.21 毫米[图 3-41(a)]。

图 3-40　编号为 TML-8 的一个不完整的蛋窝及其附近分散的蛋化石

7 号蛋的壳单元非常纤细,宽度为 0.11~0.21 毫米,多数为 0.16 毫米。相应地 3 号和 6 号蛋的壳单元间隙很窄,有的壳单元甚至紧挨在一起,7 号蛋的壳单元间隙则发达得多[图 3-41(b)]。从蛋壳中部弦切面上看 6 号蛋和 7 号蛋的差异也很明显[图 3-41(c)(d)]。

假棱柱形蛋科(新蛋科)Pseudoprismatoolithidae oofam. nov.

词源　来自模式蛋属 *Pseudoprismatoolithus*。

模式蛋属　*Pseudoprismatoolithus*。

鉴别特征　同模式蛋属。

假棱柱形蛋属(新蛋属)Pseudoprismatoolithus oogen. nov.

词源　pseudo-,希腊语,意为“假的”,-prismatoolithus 来自棱柱形蛋属的属名 *Prismatoolithus*。新蛋属的属名表明该蛋属的蛋壳径切面结构特征表面上与棱柱形蛋属相似,但实际上是完全不同的类型。

模式蛋种　*Pseudoprismatoolithus hanshuiensis*。

鉴别特征　蛋化石扁圆形,赤道面长轴 138.9~144.0 毫米,短轴 131.0~140.4 毫米。蛋壳薄,厚度为 1.05~1.20 毫米,由柱状或略呈锥形的壳单元紧密排列而成,壳单元的界线在普通光镜下清晰可见,锥体极不发达。蛋壳弦切面上壳单元为不规则块状,气孔位于壳单元之间,近圆形或形态不规则。近蛋壳内表面处气孔较多,近外表面处气孔很少见。

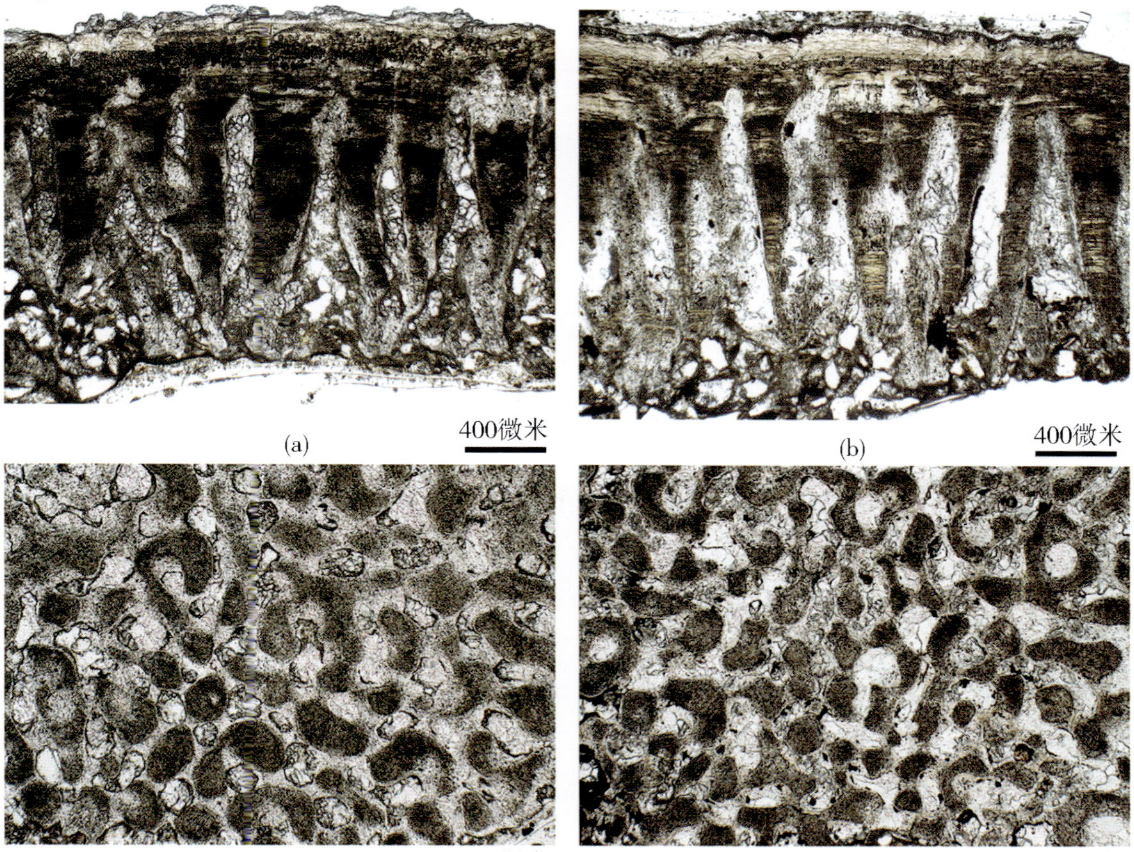

(a)　　(b)

(c)　　(d)

(a)6 号蛋化石蛋壳径切面结构图;(b)7 号蛋化石蛋壳径切面结构图;
(c)6 号蛋化石蛋壳中部弦切面结构图;(d)7 号蛋化石蛋壳中部弦切面结构图

图 3-41　柱状扁圆蛋

贺家沟假菱柱形蛋(新蛋种)*Pseudoprismatoolithus hejiagouensis* oosp. nov.

词源　种名来自蛋化石产地附近的贺家沟村。

正型标本　TML-2 中的 2 号蛋,一枚扁圆形的蛋化石。

地点与层位　湖北郧阳贺家沟村土庙岭,上白垩统高沟组。

鉴别特征　蛋化石扁圆形,赤道面长轴 144.0 毫米,短轴 140.4 毫米,赤道面形状指数 97.5。蛋壳厚度为 1.05 毫米,由径切面上略呈楔形的壳单元紧密排列而成,弦切面上壳单元为不规则块状,近蛋壳内表面处壳单元排列较松散,密度为 155 个/毫米^2,直径为 0.05~0.16 毫米,平均 0.10 毫米。

蛋壳径切面上,壳单元在向蛋壳外表面方向延伸的过程中逐渐增粗,锥体很不发达,在近蛋壳内表面处偶尔可见壳单元内棱柱体的界线。壳单元在近蛋壳内表面处为不规则块状,每个都由 3 个大小相同楔体组成,排列较为松散,间隙明显,近圆形的气孔分布于壳单元之间。至近外表面处各壳单元逐渐融合,呈镶嵌状,间隙完全消失,气孔也明显减少(图 3-42)。

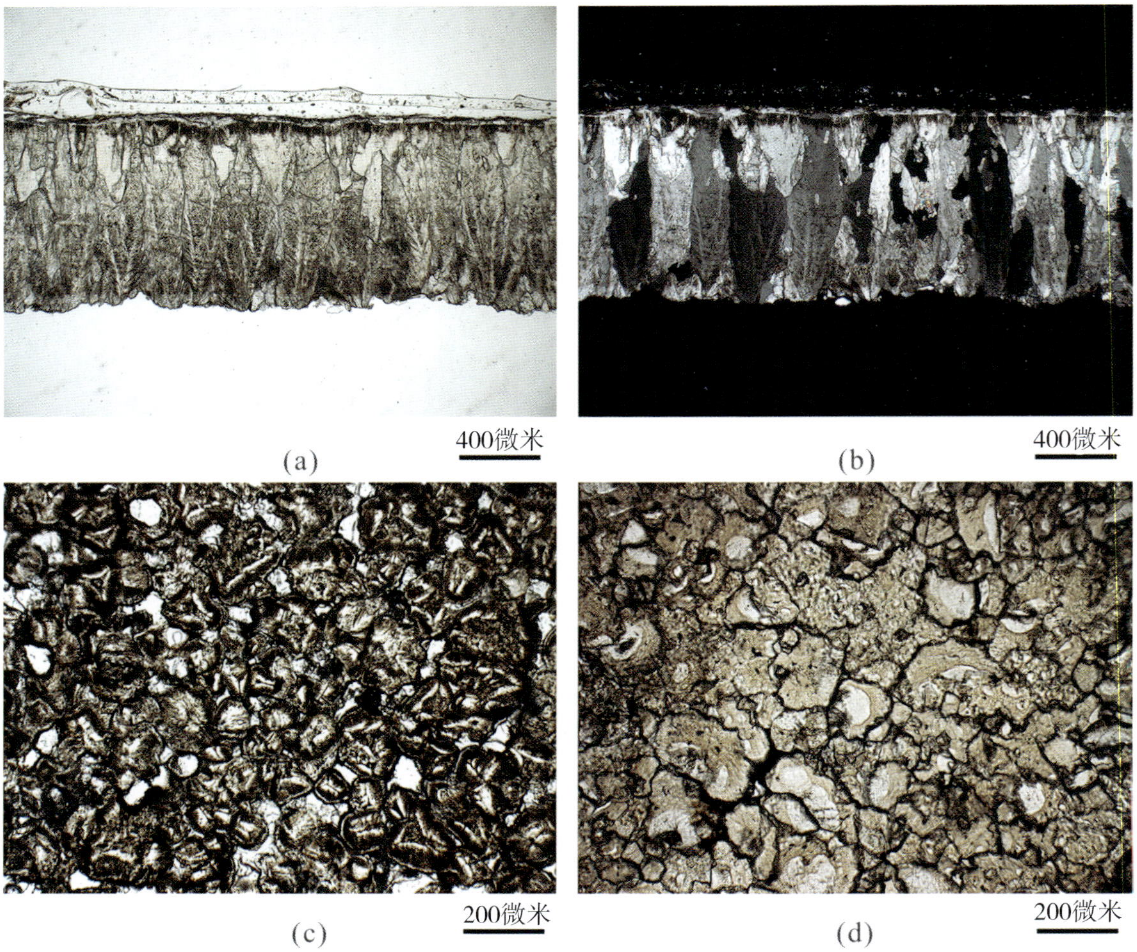

(a)径切面,普通光镜;(b)径切面,正交偏光,示楔形的壳单元;
(c)蛋壳近内表面处弦切面;(d)蛋壳近外表面处弦切面

图 3-42　贺家沟假棱柱形蛋蛋壳显微结构

卧龙山假棱柱形蛋(新蛋种)*Pseudoprismatoolithus wolongshanensis* oosp. nov.

词源　种名中“wolongshan”为蛋化石产地卧龙山的汉语拼音。

正型标本　WLS-1,一枚扁圆形的蛋化石,保存于湖北省地质科学研究所。

地点与层位　湖北郧阳卧龙山,上白垩统高沟组。

鉴别特征　蛋化石扁圆形,极轴长 92.6 毫米,赤道面长轴 138.9 毫米,短轴 131.0 毫米,赤道面形状指数 94.3。蛋壳厚度为 1.20 毫米,由紧密排列的柱状壳单元组成。近蛋壳内表面和外表面的弦切面上壳单元排列得都很紧密,近蛋壳内表面处壳单元直径为 0.11~0.21 毫米,平均 0.16 毫米,密度为 81 个/毫米^2。

蛋壳径切面上壳单元为柱状,在近内表面处可见很不发达的半圆形锥体,锥体层厚度约占壳厚的 1/11,近外表面处可见一平行于外表面的棕色条带。近内表面弦切面上壳单元为不规则块状或多边形,紧密镶嵌在一起,壳单元之间几乎无间隙,气孔近圆形或不规则。近外表面弦切面上壳单元密度增大,几乎不见气孔(图 3-43)。

(a)蛋化石(WLS-1);(b)蛋壳径切面;(c)蛋壳近内表面处弦切面;(d)蛋壳近外表面处弦切面

图 3-43　卧龙山假棱柱形蛋

圆形蛋科 Spheroolithidae Zhao,1979

副圆形蛋属 ***Paraspheroolithus***,Zhao,1979

二连副圆形蛋 ***Paraspheroolithus irenensis***

正型标本　由 8 个蛋组成的一窝,编号 HYc22~HYc29(周修高等,1998)。

产地与层位　湖北郧阳贺家沟村长岗岭高沟组。

鉴别特征　蛋化石已不同程度变形,但仍可辨认出为卵形。长径 9.4~12 厘米,横径8.3~9.0 厘米。蛋壳灰白色,在平滑的外表面上不均匀分布一些小结节。蛋壳厚 1.2~1.24 厘米,由锥体层和柱状层构成。锥体层薄,约占蛋壳总厚 1/7。锥体宽锥形至近柱形,一般 2 个以上聚集在一起,锥体间隙只有在锥体群之间才比较明显。柱状层的内侧层纹发育,外侧模糊,棱柱状的结晶构造排列紧密,柱状体之间的分界不明显。气孔道较稀疏,但孔径较大(0.1 毫米),呈不规则裂隙状(图 3-44)。

圆形蛋科 Spheroolithidae Zhao,1979

扁圆蛋属 ***Plcoolithus***,Zhao,1979

滔河扁圆蛋 ***Plcoolithus taoheensis*** **Zhao et al.,1998**

正型标本　为一面破损的蛋化石,编号 Q2-3。

产地与层位　湖北郧阳青龙山土庙岭高沟组第二产蛋层。

鉴别特征　蛋化石顶视为椭圆形，壳体一面圆凸，一面破损，壳表光滑或显粗糙，蛋大小16厘米×14厘米×9.6厘米(图3-45左)，壳厚1.8厘米，壳单元占壳厚的3/4，其上具放射线，形成分叉状孔道；近壳单元致密，分布稀少的气孔道和条带线，乳凸上的球节横向拉长，形成暗色条带(图3-45右)。有次生的棱柱现象。

图3-44　二连副圆形蛋

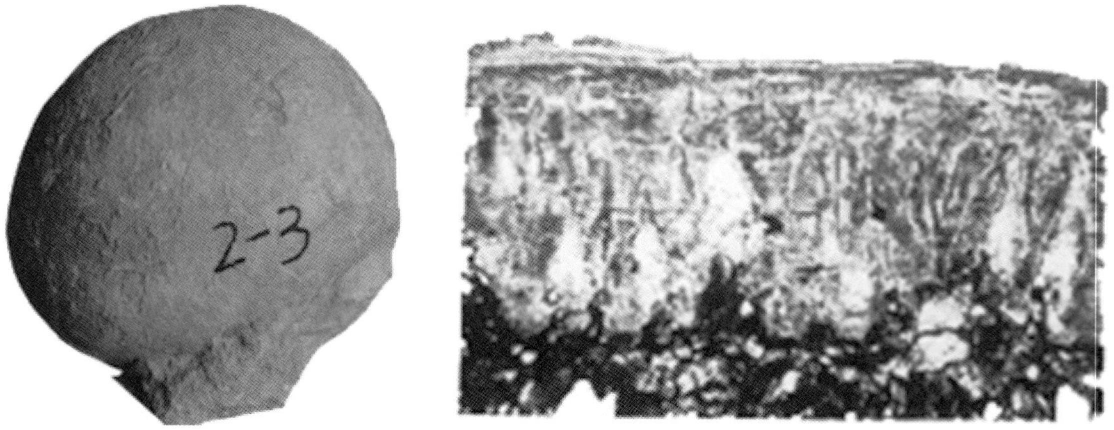

图3-45　滔河扁圆蛋

4.青龙山自然保护区蛋化石与郧阳大柳乡百泉村、梅铺镇杨营村、谭山镇西王村、白浪镇南郊、茶店镇敖家湾村及郧西县金银山等蛋化石的比较

郧阳盆地内除在郧阳盆地西南部的青龙山发现大片的恐龙蛋化石群外，还在盆地西部的大柳乡、东北部的白浪镇、谭山镇、东南部的梅铺镇、汉江南岸的茶店镇发现了恐龙蛋化石，并在与郧阳邻近的郧西县金银山也采集到了恐龙蛋化石标本，见图3-26。

1)大柳乡蛋化石特征

大柳盆地的大柳乡白泉村采集到了半枚蛋化石，可测量长径的最大值为99.58毫米。蛋壳较薄，厚度为1.24毫米。蛋壳多在近内表面处出现对称或不对称的分枝，壳单元间距常大于或等于壳单元的直径，近蛋壳外表面处壳单元相互融合形成融合层，融合层厚度约占壳厚的1/10(图3-47)。蛋壳中部弦切面上壳单元密度为83个/毫米^2。从蛋壳结构上看这枚蛋化石也应属于树枝蛋类，然而蛋壳较薄，壳单元多在近蛋壳内表面处出现分枝，蛋壳中部弦切面上壳单元的密度也较大，不同于郧阳和郧西的树枝蛋类，可能代表一个新的蛋种。

(a)　　(b)

(a)半枚蛋化石；(b)蛋壳径切面显微结构

图 3-46　大柳乡的蛋化石

2)郧西金银山蛋化石特征

郧西盆地的恐龙蛋化石与郧阳青龙山的蛋化石在大小和形态上都十分接近，不同的是郧西的恐龙蛋更扁一些，有些还显得略有拉长，赤道面不是那么圆，其测量数据如表 3-8 所示。

表 3-8　郧西恐龙蛋化石测量数据

编号	长轴/毫米	短轴/毫米	形状指数/%
Y100515-D1#	140.44	132.52	94.36
Y100515-D2#-1	175.36	139.78	79.71
Y100515-D2#-2	155.90	133.52	85.64
Y100515-D2#-3	129.46	—	—
Y100515-D2#-4	162.68	147.08	90.41
Y100515-D2#-5	158.54	131.52	82.96
Y100515-D2#-6	147.38	—	—

注：Y100515-D1#为采集的散蛋，Y100515-D2#为保存于郧西国土局的一窝蛋化石。

从蛋壳显微结构上看，郧西的蛋化石也属于树枝蛋类，所采集到的标本属于同一个蛋种。蛋壳厚度为 1.45 毫米，近外表面保存不完整，实际厚度应较大。壳单元在蛋壳中部有明显的对称分枝(图 3-47)，蛋壳中部弦切面上壳单元密度为 37 个/毫米^2。虽然这些蛋比郧阳的蛋略长一些，但无论蛋的大小以及蛋壳测量数据都没有超出土庙岭扁圆蛋的变异范围，将这些蛋化石归入土庙岭扁圆蛋为宜。

(a)Y100515-D1#,产自王家院;(b)Y100515-D2#,保存于郧西国土局的一窝蛋化石;(c)蛋壳径切面(Y100515-D1#)

图 3-47　郧西的蛋化石

3)郧阳白浪镇产恐龙蛋化石特征

白浪镇蛋化石产出在淅川盆地东北侧马家村组内,是 2020 年修建乡村公路发现的,因是经过爆破而出露的,所见化石多数已经破碎,保留完整的或较完整的不多,总体来看与青龙山产地内相差不大(图 3-48),暂时归入树枝蛋科的扁圆蛋属。待研究和测试工作完成后再认定。

图 3-48　白浪镇产恐龙蛋化石

4) 谭山镇西王村恐龙蛋化石特征

西王村产出的恐龙蛋化石埋藏在晚白垩世马家村组内，与白浪镇出露的恐龙蛋化石处在同一产蛋层内，从外观上看差异不大（图 3-49），所送样品还在等待测试，具体命名等测试鉴定结果再定。

图 3-49　西王村产恐龙蛋化石

5) 郧阳梅铺镇杨营村恐龙蛋化石特征

杨营村产出的恐龙蛋化石出露在草帽岭和下三村境内，是 20 世纪 70 年代由周世全等在开展区域地质调查时首先发现的。含化石地层为晚白垩世马家村组，蛋化石含量丰富，曾开展过较详细的研究工作，化石命名为滔河扁圆蛋，因早期保护工作滞后，现在原地已难找到保留完整的化石。

6) 郧阳茶店镇敖家湾村恐龙蛋化石特征

茶店镇敖家湾村恐龙蛋化石，是 2021 年新华水泥厂扩建施工中无意发现的。化石出露后，施工立即停止，郧阳自然资源管理部门和施工单位采取了适当的保护措施，已暴露的化石得到了妥善保护。根据开展的初步研究工作认定，茶店镇产出的蛋化石与青龙山村产出的蛋化石，出自于同一地层——晚白垩世高沟组中。可归入树枝蛋科，扁圆蛋属（图 3-50、图 3-51），在蛋壳切片显微鉴定结果出来后再定其属、种。

图 3-50　敖家湾产出的一窝恐龙蛋化石

图 3-51　敖家湾收回的不完整的恐龙蛋化石

3.2.3　郧阳产恐龙化石地层特征

1.郧阳区白垩系上统地层剖面特征

1）卧龙山实测地层剖面（Ⅰ-Ⅰ′）

西起卧龙山西坡，东至卧龙山东坡山角，全长 432 米，控制了研究区内白垩系上统高沟组的全部岩性（图 3-52），层序自上而下为：

上覆地层：第四系。

5.第四系全新统（Q_4^{al}）残坡积层。

4.第四系中上更新统（Q_{2-3}^{al}）砂砾石层（汉江第五级阶地）。

——————不整合——————

白垩系上统高沟组（K_2g）。

3.上白垩统高沟组上段（K_2g^2）：浅紫红色、黄褐色含细砾钙质砂岩。含砾不等粒砂状结构，杂基支撑结构。主要由岩屑、砂屑及胶结物方解石组成。其中，岩屑约占 52%，成分复杂，主要由片岩屑组成，包括白云石英片岩屑、变酸性火山岩屑、石英岩屑、绿泥石英片岩屑、变石英砂岩屑等。砾石含量占 7%～15%，棱角状，次棱角状；砂屑主要为石英。胶结物为方解石（38%～40%）、黏土矿物（高岭石、水云母）6%。本段上部地层因分化剥蚀，未见顶部岩性。产土庙岭扁圆蛋 *Placoolithus tumiaolingensis*（Zhou et al.，1998），卧龙山假棱柱形蛋（新蛋种）*Pseudoprismattlithus wolongsnanensis* oosp.nov.。　厚 3～5m

2.上白垩统高沟组下段（K_2g^1）：浅砖红色、灰褐红色钙质胶结砂质砾岩。杂基支撑结构。岩石主要由大量砾石、岩屑及方解石胶结组成。岩屑和砾石成分为多种变质片岩屑，变长英质岩屑，其次是云母片岩屑，前者由钠长石、石英组成，后者为黑云母、石英等组成。岩屑和砾石磨圆度差，为棱角状、次棱角状。分选性差，大小悬殊，砾石大小从 2～3 毫米至 50 厘米不等。碎屑彼此不接触，呈悬浮状分布在胶结物中，基质成分为方解石和泥沙。　厚 10～16 米

——————不整合——————

下伏中—新元古界武当(岩)群($Pt_{2-3}wd$)变基性火山岩(绿泥钠长片岩)。

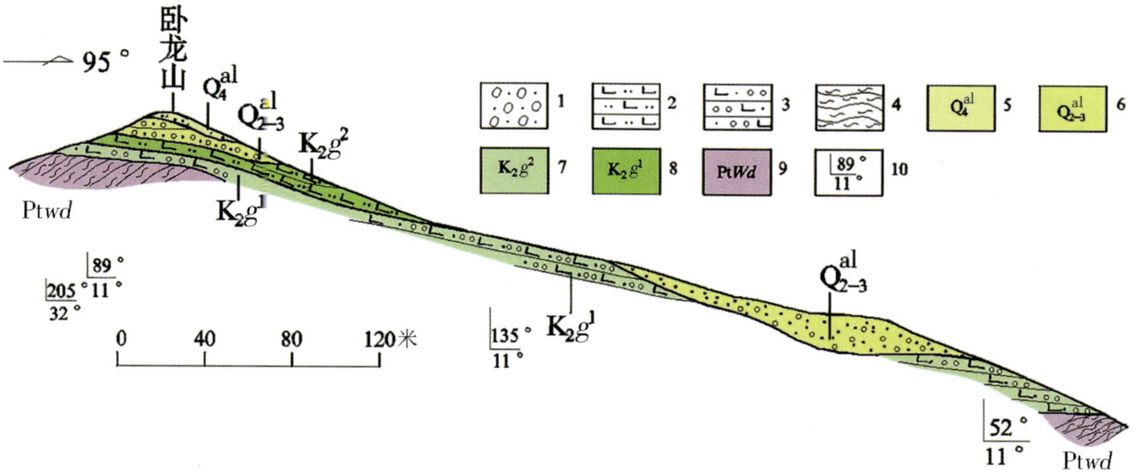

1.松散状砂砾岩;2.钙质砂岩;3.含钙砂质砾岩;4.武当岩群片岩; 5.第四纪全新统;6.第四纪中上更新统;
7.白垩系上统高沟组上段;8.白垩系上统高沟组下段;9.武当(岩)群;10.地层产状

图 3-52　卧龙山晚白垩世实测地层剖面

2)红寨子实测地层剖面(Ⅱ-Ⅱ′)

剖面西起红寨子山顶,东至红寨子山坡坡角,方向 75°,长 286 米,基本控制了上白垩统寺沟组和马家村组(图 3-53)。层序自上而下为:

6.上覆第四系中上更新统(Q_{2-3}^{al})砂砾层(汉江第五级阶地)

——————不整合——————

白垩系上统寺沟组(K_2s)。

5.上白垩统寺沟组上段(K_2s^3):浅紫红色细粒长石石英砂岩。岩石由石英(75%)、长石(12%)、水白云母(4%)、方解石(6%)、绿帘石(1%)等矿物组成。细砾砂状结构,接触孔隙式胶结。长英矿物碎屑呈棱角状,长石主要为斜长石,胶结物主要为方解石和少量的黏土矿物,含少量钙质结核。　厚 4~6 米(未见顶)

4.上白垩统寺沟组中段(K_2s^2):灰褐色细粒含泥钙质石英砂岩。细粒砂状结构,岩石主要由石英(54%)、方解石(25%)、水白云母(10%)及斜长石组成。由方解石和黏土矿物杂基胶结,普遍含钙质结核,厚 2~3 米。

3.上白垩统寺沟组下段(K_2s^1)灰白色、灰褐色钙质胶结石灰质砾岩。砾状结构,不规则块状构造。岩石主要由砾石和岩屑组成,方解石胶结。砾石和岩屑主要为灰岩和白云岩屑,少量的石英岩、白云石英片岩组成。灰岩砾石大小不一,分选性较好,大者可达 20 厘米以上,小者为毫米级,呈圆状、次圆状;砂屑主要为石英,棱角状,粒径 0.1~0.5 毫米。　厚 3 米

上白垩统马家村组(K_2m)。

2.上白垩统马家村组上段(K_2m^2):灰褐色含泥质石英质砾岩。砂砾状结构,块状构造。岩石主要由砾石、岩屑组成,黏土矿物杂基胶结。砾石主要为砂岩和石英岩、少量变粒岩、浅粒岩、变基性岩,分选性中等,磨圆度较好,呈次圆状或次棱角状,多呈无序排列,局部具叠瓦状排列,见板状交错层理。砾岩层底面一般为冲刷面,可见明显冲刷充填构造。 厚 3~4 米

1.上白垩统马家村组下段(K_2m^1)灰褐、浅紫红色砂质砾岩,含砾长石石英砂岩。泥质细砾砂状结构,接触孔隙式胶结,岩性在重相上交替互层出现,且砾岩层出露频率大于砂岩层,横向变化大,层面具频繁侵蚀、冲刷现象。侵蚀槽延伸方向为南东—北西向,140°~298°。砾石分选性中等,砾径 2~10 厘米不等,磨圆度较好,为次棱角状—次圆状,局部圆状。砾石成分主要为石英岩、变粒岩,少量片岩,产土庙岭扁圆蛋 *Placoolithus tumiaolingensis* (Zhou et al.,1998)。此层未见底。

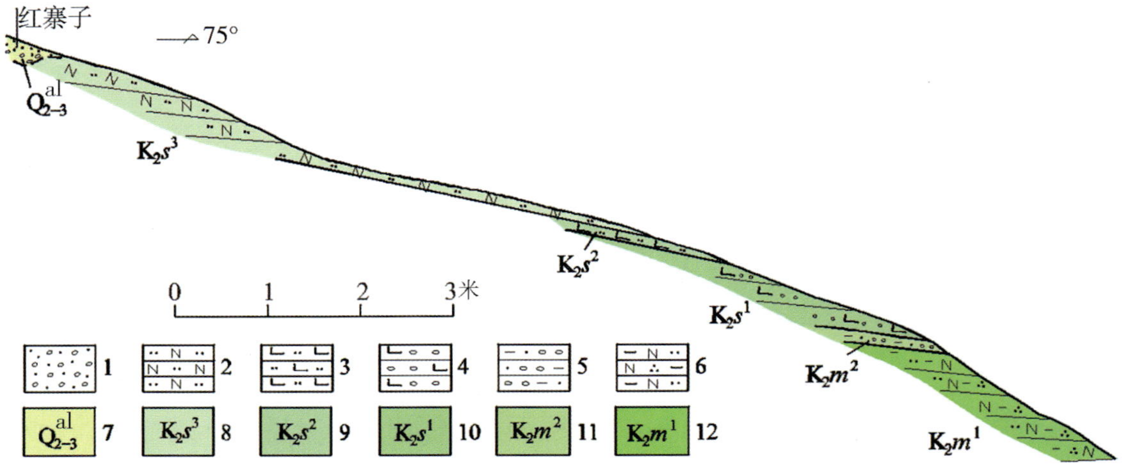

1.砂砾岩;2.长石石英砂岩;3.钙质砂岩;4. 钙质砾岩;5.含泥砂质砾岩;6.含泥长石石英砂岩;
7.第四系中上统;8.白垩系上统寺沟组上岩性段;9.白垩系上统寺沟组中岩性段;
10. 白垩系上统寺沟组下岩性段;11. 白垩系上统马家村组上岩性段;12. 白垩系上统马家村组下岩性段

图 3-53 青龙山(红寨子)剖面图(Ⅱ-Ⅱ′)

3)土庙岭—红寨子实测地层剖面(Ⅲ-Ⅲ′)

北西起土庙岭 322.4 高地,南东至红寨子 330 高地北东 200 米公路边。剖面总体方位 101°,长 890 米。控制了保护区内晚白垩世上统高沟组至寺沟组大部分地层(图 3-55),层序自上而下为:

上覆第四系中—上更新统(Q_{2-3}^{al})。

——————不整合——————

白垩系上统寺沟组(K_2s)。

13.砖红色含泥质钙质细粒长石石英砂岩、长石矿物碎屑(粉砂-细砂级)约占 60%,岩屑 8%,黏土矿物(水云母)20%,方解石小于 5%。砂中常见小于 1 厘米的小砾石。 厚度 6~8 米

12.浅砖红色、灰白色含砂钙质石灰质砾岩。杂基支撑结构，岩石由砂、方解石和砾石组成。砾石成分以灰岩、白云岩为主，少量大理岩及石英岩；砾石呈圆——次圆状，砾径 2~4 厘米，大者 10 厘米以上。　厚 3 米

——————整合——————

上白垩统马家村组(K_2m)。

11.砖红色厚层泥质砂岩。矿物碎屑(主要为石英、少量长石)约占 60 %；黏土矿物主要为水云母，约占 30%；其他矿物及岩屑占 10%。　厚 18 米

10.灰白色、浅肉红色含钙砂质砾岩 ，砾石成分主要为灰岩、大理岩，少量石英岩，圆—次圆状，上部砾径较粗 4~6 厘米 ，下部砾径较细 2~3cm，呈过渡性变化。　厚 4 米

9.浅红、砖红色厚层泥质砂岩。砂粒以石英为主，次为长石，岩屑微量，总量约占 60%，黏土矿物为水云母，约占 35%，局部含细砾。该岩层下部见 3 枚恐龙蛋化石(第七产蛋层)土庙岭扁圆蛋 *Placoolithus tumiaolingensis* (zhou et al .,1998) 。　厚 12 米

8.砖红色含泥砂质砾岩，夹含砾泥质砂岩，砾岩层一般厚 20~30 厘米，砾石圆—次圆状，2~3 厘米大小；砾石成分以灰岩-白云岩为主，次为大理岩砾石层与砂岩层常呈互层出现，并具交错层理。　厚度 5 米

7.浅黄、浅灰白色中厚层钙质砂岩，以石英矿物碎屑为主，少量长石碎屑及岩屑，胶结物为方解石。　厚度 2 米

——————整合——————

上白垩统高沟组(K_2g) 。

6.上部褐红黄褐色含泥钙质砂岩，下部褐色含砾钙质砂岩，砂粒以石英碎屑为主，次为长石和岩屑，碎屑约占岩石 50%，水云母 10%，方解石 35%。下部含变质岩砾石，砾石呈棱角—次棱角状，砾径 0.5~3 厘米，扁平状。岩石中常见恐龙蛋壳碎片(第六产蛋层)，产恐龙蛋化石：土庙岭扁圆蛋 *Placoolithus tumiaolingensis* (Zhou et al.,1998)。　厚 1.5 米

5.上部浅褐黄、浅灰黄含钙泥质砂岩。岩石由矿物碎屑、岩屑、方解石及水云母组成，碎屑约占 44 %，岩屑占 68 %，水云母占 29 %，方解石占 15 %。碎屑及岩屑呈棱角—次棱角状，主要为绢(白)云钠长石英片岩、绢(白)云钠长变粒岩等岩屑。下部棕红色、灰棕色含钙砾石质砂岩。砾石主要为变质岩岩屑，呈棱角状—次棱角状。砂粒主要为石英及少量长石碎屑、方解石胶结。产恐龙蛋化石(第五产蛋层)：土庙岭扁圆蛋 *Placoolithus tumiaolingensis*(Zhou et al.,1998)、沈氏扁圆蛋 *Placoolithus sheni* oosp.nov。　厚 0.8 米

4.上部浅灰黄、浅灰白含钙砂质黏土岩。岩石主要由水云母、石英及方解石组成。其中水云母等黏土矿物含量>35%，石英矿物 30%，方解石约 20%，含少量岩屑。下部深棕色、灰棕色含砾钙质砂岩、钙质砂砾岩。岩石主要由石英、方解石和变质岩岩屑组成。砾石主要为变质岩岩屑，棱角状—次棱角状，0.5 厘米大小。含恐龙蛋化石(第四产蛋层)：土庙岭扁圆蛋 *Palcoolithus tumiaolingensis* (Zhou et al .,1998)、柱状扁圆蛋 *palcoolithus columnarius* oosp.nov.。　厚 1 米

3.上部黄褐色泥质砂岩。岩石主要由石英(52%)及水云母(30.5%)组成,含少量长石及岩屑。下部为浅灰黄、浅灰白钙质砂岩。岩石主要由石英(48%)和方解石(40%)、少量长石碎屑和岩屑组成。产恐龙蛋化石(第三产蛋层):土庙岭扁圆蛋 *palcoolithus tumiaolingensis* (Zhou et al,.nov.)、密集扁圆蛋 *palcoolithus compactiusculus* oosp.nov. 。 厚 1.1 米

2.上部为棕色含砾含钙泥质砂岩,杂基支撑结构,块状构造。岩石由石英(37%)、水云母(20%)、方解石(15%)、岩屑(19.3%)及少墩长石碎屑组成。砾石成分为中新元古界武当(岩)群变质岩,棱角状—次棱角状,从上至下砾石成分增高。此层(第二产蛋层)恐龙蛋化石丰富,成窝出现,最多一窝产恐龙蛋化石 100 多枚。化石类型有:土庙岭扁圆蛋 *Palcoolithus tumiaolingensis* (Zhou et al,.nov)、二连副圆形蛋 *Paraspheroolithus irenensis* (zhou et al.,1998)、郧县扁圆蛋 *Palcoolithus yunxianensis* oosp.nov.、滔河扁圆蛋 *Palcoolithus taohensis* Zhaoet Zhao 1998。 厚 0.9 米

1.深棕色、黄褐色厚层含钙砂质砾岩。杂基支撑结构、块状构造。岩石主要由岩屑、岩块及石英、长石矿物碎屑组成,钙质及砂泥质胶结。岩屑与岩块为砾石主要成分,棱角状—次棱角状,大小不一,分选性极差。岩块(砾石)一般几厘米至数十厘米,岩屑几毫米,主要由来自就近的中新元古界武当(岩)群变质岩,主要岩性有绢(白)云钠长片岩、白云石英片岩、绢云石英片岩、绿帘黑云钠长片岩等。此层顶部含恐龙蛋化石(第一产蛋层):宁夏蜂窝蛋 *Faveoloolithus ningxiaensis* ? 厚 3~5 米

——————不整合——————

下伏:中新元古界武当(岩)群

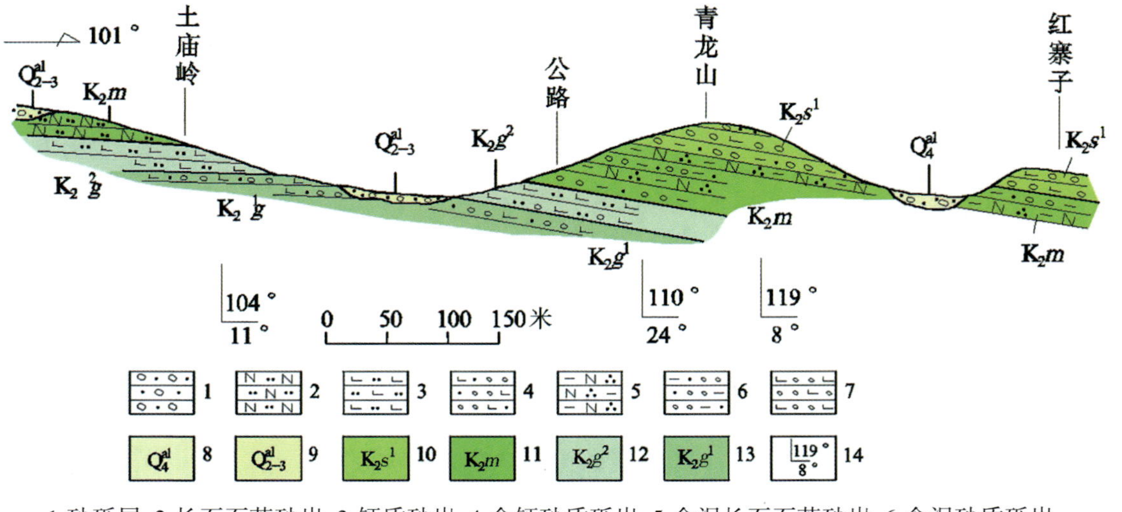

1.砂砾层;2.长石石英砂岩;3.钙质砂岩;4.含钙砂质砾岩;5.含泥长石石英砂岩;6.含泥砂质砾岩;7.钙质砾岩;8.第四系全新统;9.第四系中上更新统;10.白垩系上统寺沟组;11.白垩系上统马家村组;12.白垩系上统高沟组上段(产恐龙蛋化石层);13.白垩系上统高沟组下段;14.地层产状

图 3-54 土庙岭—红寨子实测地层剖面图(Ⅲ-Ⅲ′)

2.郧阳盆地白垩系上统岩性特征

郧阳盆地白垩系上统岩石地层在晚白垩世时,处于郧阳盆地西南缘,属于山麓和断陷

盆地的过渡带，地层岩性无论从纵向上看还是从横向上看，岩性变化都较大，而且单层厚度极不稳定。依据剖面岩性组合及其变化，研究区白垩系上统可明显划分为上、中、下三个岩性组，且均以由粗细相间的韵律层和以不同的物源成分之差相区别（图 3-55）。

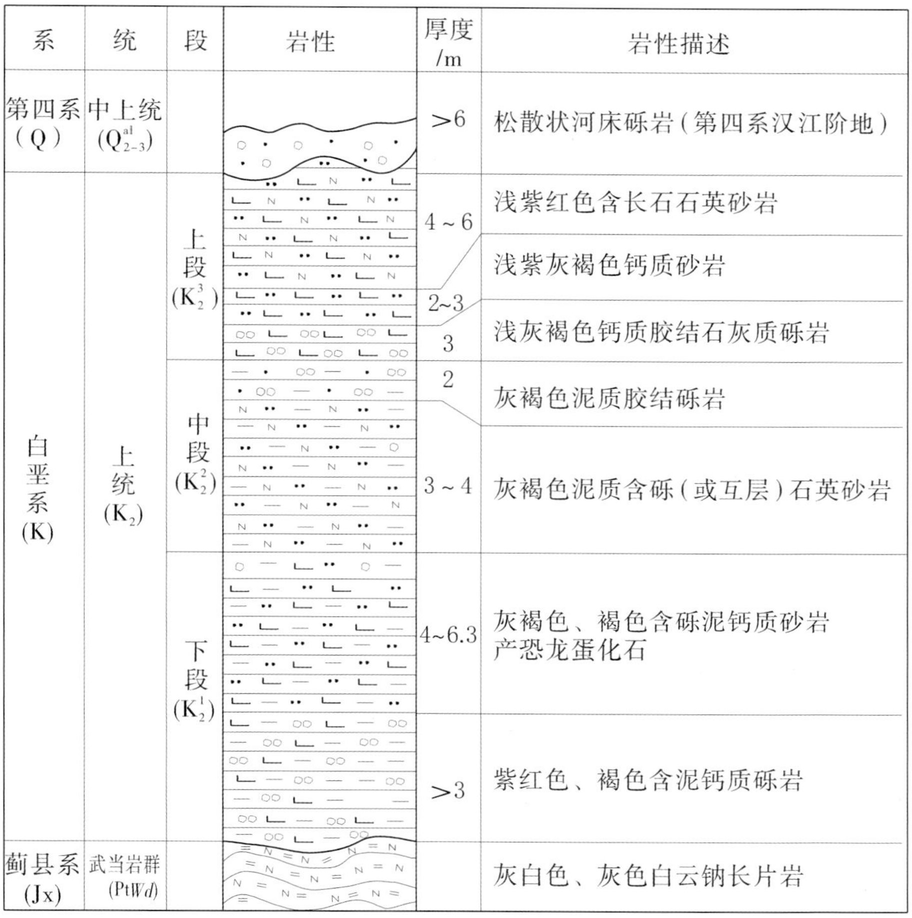

图 3-55　研究区上白垩统地层综合柱状图

1）下岩性组

下岩性组总体以分选性极差、磨圆度极差的变质岩砾石为特征，反映近源、快速、混杂堆积沉积特点。其中，下部主要为粗砾岩、含砾砂岩、含砾细砂岩，总体从下至上由粗变细，不整合覆盖在中新元古界武当（岩）群之上。其底部为一巨厚层粗砾岩，砾径从 2~3 厘米到 50 厘米不等，成分主要为下伏武当（岩）群片岩和变粒岩，分选性和磨圆度极差，杂基支撑结构，基质主要为泥质，少量方解石。总厚度变化大，在土庙岭、卧龙山一带超过 15 米，在北部磨石沟、郑家沟和庄垱沟等地均小于 4 米，总体呈泥石流沉积特征。上部为含砾钙质细砂岩、含泥钙质细砂岩。含砾钙质细砂岩和含砾含泥钙质细砂岩，常呈互层产出，单层厚度0.8~1.5 米，含丰富的恐龙蛋化石和蛋壳碎片，总体具漫洪沉积特征。

2）中岩性组

中岩组主要为砾岩、砂质砾岩、泥质砾岩、含砾砂岩、含砾粉砂岩，且在纵向上频繁交替出现，在红寨子、青龙山一带厚度可达 25 米，在其他剖面分布零星，甚至缺失，总体以砾岩层层数多,横向变化大,以侵蚀、冲刷频繁为其特征。砾石成分主要为石英岩、变粒岩、浅粒岩、少量砂岩和灰岩。砾石分选性中等,砾径从 2~10 厘米不等,多为 2~7 厘米,磨圆度较好,次圆状—次棱角状。砾石大致呈定向排列或叠瓦状排列。砾石最大扁平倾向 SE140°—SW198°,指明物质来源于南部和西部(武当岩群二、三岩组)。见板状交错层理,砾岩层的底界面可见明显的冲刷充填构造,冲刷槽岩石方向为南西向,与上述砾石扁平面产状基本一致,呈季节性河流沉积特征。本岩组在红寨子、青龙山剖面上的厚 6~10 米;在贺家沟村的土庙岭保存厚度约 4 米,岩性为含砾长石石英砂岩,上部被第四系中、上更新统砂砾层覆盖(为汉江五级基座阶地);在郑家沟、庄垱沟、卧龙山剖面上缺失;在磨石沟保存较厚,达 11 米。沉积物经过了一定的搬运,物质来源比下岩性组广泛,成分相对复杂。

3)上岩性组

在红寨子、青龙山一带出露较好,总厚度超过 10 米,以其底部为一巨厚层钙质石灰质砾岩与中岩组区别,该砾岩层最厚处达 3 米左右,砾石成分主要为灰岩和白云岩,零星见石英岩。分选性差,最大砾径可达 20~30 厘米,个别达 50 厘米,磨圆度好,呈次圆状到圆状,钙质胶结,与下伏中部地层顶部的厚层石英质砾岩接触,两层砾岩交向间见冲刷现象。

上岩组中上部为中细粒长石石英砂岩和细粒长石石英砂岩,局部夹透镜状含砾砂岩,钙质胶结,含泥量低,普遍含钙质结核。此岩性组仅在红寨子青龙山出露较全,在卧龙山仅出露底部砾岩,在磨石沟、郑家沟、庄垱沟等地已剥蚀殆尽。

3.白垩系上统层序划分讨论

1)郧阳盆地上白垩统层序划分历史沿革

在郧阳盆地内,由于至今未发现可供工业利用的工业矿产,因此,在恐龙蛋化石发现前,地质研究工作程度相对较低,对研究区盆地内的红色岩系地层的划分,一直没有一个比较统一的认识,地层时代的确定主要根据邻区资料进行对比和划分。1958—1965 年,陕西省区调队开展 1∶20 万郧县幅地质调查时,将郧县盆地内红色岩系与当时河南省内乡幅的核桃园组及大仓房组对比,并以核桃园组中采到 Coeoclon,sp 为依据,将郧县盆地中的红层划归为下第三系(古近系);1988 年 3 月—1989 年底,湖北省区域地质调查所在开展 1∶50000 黄龙滩幅和郧县幅区域地质调查时,将郧县盆地与邻近的李官桥、习家店盆地内的大凹—庞湾剖面进行对比,将郧县盆地中的红层划为上白垩统“胡岗组”,并划分为上、下两个岩组;《全国地层多重划分对比研究:湖北省岩石地层》(1996)一书中,根据全国地层多重划分对比的原则,放弃胡岗组,采用周世全等(1975)命名于河南淅川县滔河镇寺沟村晚白垩世晚期的寺沟组,来代表湖北境内主要分布于青峰断裂以北、随州市以西的枣阳、谷城、丹江口市以及南襄盆地南缘地带的一套晚白垩世地层,郧县盆地内的红层被一起划为寺沟组;周修高等(1998)通过对“青龙山恐龙蛋化石类型”的研究,将郧县盆地中产恐龙蛋化石的一套地层与淅川盆地高沟组对比,改称为高沟组,同时考虑到郧县盆地与淅川盆地在时间上和空间上的关系,周修高又提出在保护区内,存在有覆盖于高沟组之上的马家村组和寺沟组的可能想法,并在发表的论文中给予强调(表 3-9、表 3-10)。

表 3-9　郧阳盆地上白垩统划分沿革表

<table>
<tr><td>陕西区调队</td><td colspan="2">湖北区调队</td><td colspan="2">全国多重地层划分(42)</td><td colspan="2">周修高等</td><td colspan="2">湖北地科院</td></tr>
<tr><td>1958—1965 年
1∶20 万郧县幅</td><td colspan="2">1988—1989 年
1∶5 万黄龙滩幅</td><td colspan="2">1996</td><td colspan="2">1998</td><td colspan="2">2011</td></tr>
<tr><td rowspan="3">下第三系
(古近系)</td><td rowspan="3">上白垩统</td><td rowspan="3">胡岗组</td><td rowspan="3">上白垩统</td><td rowspan="3">寺沟组</td><td rowspan="3">上白垩统</td><td rowspan="2">?</td><td rowspan="3">上白垩统</td><td>寺沟组</td></tr>
<tr><td>马家村组</td></tr>
<tr><td>高沟组</td><td>高沟组</td></tr>
</table>

表 3-10　研究区上白垩统与邻区产蛋地层对比表

<table>
<tr><td>年代地层</td><td>广东南雄盆地</td><td>湖北江汉盆地</td><td>湖南茶永盆地</td><td>河南淅川盆地</td><td>湖北郧阳盆地</td></tr>
<tr><td rowspan="3">上白垩统</td><td rowspan="3">南雄组</td><td>跑马岗组</td><td rowspan="3">戴家坪组</td><td>寺沟组</td><td>寺沟组</td></tr>
<tr><td>红花套组</td><td>马家村组</td><td>马家村组</td></tr>
<tr><td>罗镜滩组</td><td>高沟组</td><td>高沟组</td></tr>
</table>

2)郧阳盆地晚白垩世地层重新划分与依据

为了进一步查明研究区内上白垩统地层层系，2010—2011 年，湖北省地质科学研究院在地质公园内恐龙蛋化石分布区开展了 1∶10000 地质调查，填图 4 平方千米，测制 1∶1000 地质剖面 1800 米、1∶500 地质剖面 120 米，对区内晚白垩世地层进行了较为详细的研究与对比。研究发现以下三点。

(1)区内晚白垩世地层的岩性组合与淅川盆地内的晚白垩世地层岩性组合基本类同，都具有明显的三分性(表 3-11)，岩石类型有诸多的相似性；

(2)两个盆地内都产有相同属种(树枝蛋类、圆形蛋类)的恐龙蛋化石，表明沉积年代基本一致；

(3)淅川盆地与郧阳盆地同属于燕山晚期形成的北西向构造(断陷)盆地，总体呈北西向排列，受北西向构造扩张而沿北西向长轴发展，构造属性与形成时代基本一致(表 3-12)。

综上所述，我们认为：将淅川盆地上白垩统与郧县盆地上白垩统进行对比，并统一地层命名是可行的。据此，将研究区内晚白垩世三个岩组从上至下与淅川盆地三个岩组对比，从上至下统一采用淅川盆地上白垩统地层的划分方案，将郧阳盆地内上白垩统分别划分为寺沟组(K_2s)、马家村组(K_2m)、高沟组(K_2g)。考虑到上述三组剖面上岩性的变化，又将每个组划分为 2-3 个岩性段，K_2s^3、K_2s^2、K_2s^1、K_2m^2、K_2m^1、K_2g^2、K_2g^1，并在本研究项目中使用。

表 3-11　郧阳盆地与淅川盆地晚白垩世地层岩性对比表

地层单位	郧阳盆地	淅川盆地
寺沟组	上部：紫红色细粒钙质长石石英砂岩，含少量钙质结核；中部：紫红色钙质细砂岩，含钙质团块；下部：浅紫红色、灰褐色钙质胶结石灰质砾岩。砾石圆状—次圆状，砾径一般 6~10 厘米，最大大于 20 厘米，砾石成分主要为灰岩、白云岩，少量石英岩	上部：浅红色、浅棕红色钙质细砂岩夹砂质泥灰岩团块；中部：土黄色钙质砾岩、黑灰色钙质砾岩夹土黄色钙质粉砂岩和泥灰岩；底部：灰黄色钙质砾岩

续表

地层单位	郧阳盆地	淅川盆地
马家村组	上部:浅紫红色、灰褐色含泥质石英质砾岩为主,含少量变粒岩、片岩、灰岩砾石;下部:浅紫红色(基质)灰褐色(砾石)含泥质石英质砾岩与浅紫红色含砾长石石英砂岩互层交替出现,砾石多呈扁圆状、次圆状,成叠瓦状排列	上部:深红色粉砂质泥灰岩;中部:棕红色、灰绿色钙质粉砂岩;下部:灰色含砾中、细粒砂岩
高沟组	上部:紫红色含砾钙质细砂岩、含钙泥质细砂岩、含钙砂质黏土岩;产树枝蛋类、圆形蛋类、假棱柱形蛋类恐龙蛋化石;下部:棕红色含钙质、泥质角砾状砾岩、砾石分选性差,5~20厘米,最大50厘米以上,呈棱角状,主要为片岩等变质岩砾石,少量石英岩砾石	上部:棕色粉砂岩;中部:棕红色泥质粉砂岩夹薄层浅灰色含砾钙质中、细粒砂岩;下部:杂色砾岩,砾石成分有石灰岩、片岩等

表 3-12 郧阳盆地、淅川盆地地层总体特征对比表

盆地名称	大地构造位置	盆地性质	地层岩性特征	古生物特征
郧阳盆地	南秦岭造山带东段	晚白垩世断陷盆地	炎热、干旱-半干旱气候条件下沉积的、粗碎屑为主的砾岩、砂砾岩、砂岩	产树枝蛋类(滔河扁圆蛋、土庙岭扁圆蛋等)
淅川盆地	南秦岭造山带东段	晚白垩世断陷盆地	炎热、干旱-半干旱气候条件下沉积的、粗碎屑为主的砾岩、砂砾岩、砂岩	产树枝蛋类(滔河扁圆蛋、土庙岭扁圆蛋等)

3.2.4 郧阳恐龙蛋化石的分布与埋藏特征

1.郧阳恐龙蛋化石分布特征

研究区内的恐龙蛋化石,主要分布在郧阳柳陂镇李家沟及贺家沟两个自然村内(现合并为青龙山村),由南西向北东经卧龙山、红寨子、青龙山、土庙岭、磨石沟、庄挡沟至郑家沟,呈北北西向延长约3.5千米,分布面积约4千米^2。其中,蛋化石出露面积2千米^2,集中分布在卧龙山、红寨子、青龙山、土庙岭、磨石沟、庄挡沟等地,在贺家沟西北面山梁上、长岗岭东坡也有零星出露。

1)卧龙山蛋化石分布区

蛋化石露头大致呈南北向分布在卧龙山山梁两侧,主要出露在东南坡,出露高程280~310米;出露长480米,分布面积38400米^2,呈北北西向展布;产恐龙蛋化石地层为上白垩统高沟组上段,厚约3~4米。蛋化石产在紫红色含砾钙质砂岩中,呈窝状分布,每窝产蛋6~10个不等,保存完整。上覆地层为中上更新统河床相砾岩。

产:土庙岭扁圆蛋 *Placoolithus tumiaolingensis*(Zhou et al.,1998)

贺家沟假棱柱形蛋 *Pseudoprismatoolithus hejiagouensis* oosp.nov.

2)红寨子蛋化石分布区

蛋化石主要分布在红寨子西北坡,出露高程250~270米,受后期断裂影响呈北东向展布。露头长110米,宽1~80米,面积4400米^2,蛋化石产在高沟组上部紫红色含砾钙质砂岩中,呈窝状产出,蛋窝密集、蛋窝之间间距 2~3 米,每窝产蛋 6~20 枚不等。上覆地层为马家村组辫状河相砂砾岩。

产:土庙岭扁圆蛋 *Placoolithus tumiaolingensis*（Zhou et al.,1998）

3)青龙山(325 高地)蛋化石分布区

蛋化石出露在青龙山北西、南东山坡上,含化石地层呈 U 字形展布,出露高程 240~280 米,露头长 500 米,宽 3~4 米,面积 21500 米^2。产化石地层为高沟组上段,岩性为紫红色含砾钙质砂岩,上覆地层为马家村组灰紫色河流相砂砾岩。

产:土庙岭扁圆蛋 *Placoolithus tumiaolingensis*（Zhou et al.,1998）

4)青龙山 327 高地蛋化石分布区

蛋化石出露在 327 高地 300~320 米高程上,围绕山峰呈不规则圆形分布,直径 180 米,面积约 25434 米^2。产化石地层为高沟组紫红色含砾砂岩,顶部被第四纪河床砾石层覆盖。

产:土庙岭扁圆蛋 *Placoolithus tumiaolingensis*（zhou et al.,1998）

5)土庙岭蛋化石分布区

蛋化石出露在贺家沟村一组南西一侧山坡上,出露高程 240~300 米,露头长 300 米,宽 220 米,面积 66000 米^2,产化石地层为高沟组上段紫红色含砾钙质砂岩,含蛋化石地层几乎全部裸露地表,蛋窝分布密集,保存完整。

产:土庙岭扁圆蛋 *Placoolithus tumiaolingensis*（Zhou et al.,1998）

沈氏扁圆蛋 *Placoolithus sheni* oosp.nov.

郧县扁圆蛋 *Placoolithus yunxianensis* oosp.nov.

密集扁圆蛋 *Placoolithus compactiusculus* oosp.nov.

柱状扁圆 *Placoolithus columnarius* oosp.nov.

贺家沟假棱柱形蛋 *Pseudoprismatoolithus hejiagouensis* oosp.nov.

6)磨石沟蛋化石分布区

蛋化石分布在磨石沟 319 高地东坡,露头长 550 米,宽 20~110 米,面积 35750 米^2。产化石地层为高沟组上段紫红色含砾砂岩,顶部被马家村组覆盖。

产:土庙岭扁圆蛋 *Placoolithus tumiaolingensis*（Zhou et al.,1998）

7)庄挡沟蛋化石分布区

产蛋化石层分布在 319 高地北东山坡上,长 280 米,宽 40~200 米,出露面积约 21600 米^2。四周被马家村组覆盖。

产:贺家沟假棱柱形蛋 *Pseudoprismatoolithus hejiagouensis* oosp.nov.

2.郧阳恐龙蛋化石的埋藏特征

在剖面上,目前只在高沟组和寺沟组中见到恐龙蛋化石,尤以高沟组上部分布密集,一般有 2~4 小层,在土庙岭剖面上最多见到 6 个产化石(小)层(图 3-56),每个化石层层距0.5~1.5 米。其中第二产蛋层蛋化石最为丰富,分布密集,种类多,成窝状分布,一般每窝 3~20 枚,其中一个呈弧形的蛋窝将近有 100 多枚(可能是由多蛋窝组成的)(图 3-56、图 3-57、图

3-58)，而寺沟组目前仅在青龙山东坡公路边发现一窝蛋化石(共 3 个)。在青龙山所看到的蛋化石均呈窝状分布，以不规则的圆形排列为多见(图 3-59)。在土庙岭第二产蛋层中，见一窝呈弧形状分布的蛋化石，一共排了 12 排(图 3-60)。在土庙岭剖面上第五产蛋层中一窝蛋有三层蛋叠覆。总体上看，研究区的恐龙蛋化石没有搬运的痕迹，蛋壳基本没有遭到破坏，蛋窝原地保存完整，恐龙蛋化石成窝、成片分布，说明当时恐龙蛋是在一种未经搬运、快速被埋藏的环境下沉积的。

图 3-56　剖面上有 6 个产蛋化石(小)层

图 3-57　一个的蛋窝达 100 多枚蛋(照片为其中一部分)

图 3-58　剖面上裸露的三层蛋化石

图 3-59　呈椭圆形分布的一窝蛋化石

图 3-60　呈弧形分布的一窝蛋化石

3.2.5　恐龙怎样做窝、产蛋和孵化

恐龙在距今 6500 万年就已经绝灭了，现在很难以十分准确地恢复和描述恐龙做窝产蛋以及孵化这些过程。好在地球上的爬行动物并没有全部绝灭，比如鳄鱼、乌龟、蜥蜴、蛇

等爬行动物至今仍然还活着，且广泛分布。特别是鸟类可以称为活着的恐龙，因为已有大多的研究成果证实，它们是由 1.5 亿年前恐龙的一个分支演化过来的，也顽强地存活至今。鳄类的短吻鳄、长吻鳄和宽吻鳄的群体，是现存与恐龙和现代鸟类关系最密切的生物类群，我们可以借鉴鸟类和鳄鱼的繁衍过程来探讨和研究恐龙做窝、产蛋及孵化的繁衍过程。

在现实生活中，很容易拍摄到鳄鱼做窝、下蛋以及孵化的场景。现场拍到的鳄鱼做窝、产蛋及孵化过程是这样的：鳄鱼产蛋都会选择在土壤比较疏松的的地方做窝，每到繁殖季节，母鳄都会用前肢在距水边几米处挖一个 30~40 厘米深的坑，并把泥沙推向一边，然后在坑内产下若干个蛋(5~7 个蛋，也可能有 70~80 个蛋)(图 3-61)，母鳄会用后肢将挖坑挖出的泥沙盖在刚生的蛋上，有时还在巢中加些干枝叶和芦苇等，使巢松软舒适，维持一定的温度。鳄鱼的孵化过程为 84~90 天，在此期间，母鳄会一直守候在土坑旁。而雄鳄也会守在土坑附近，但是不会靠得太近。幼鳄在快出壳时，会发出轻微的尖叫声，这时母鳄会迅速扒开蛋上的沙土，帮助小鳄鱼钻出蛋壳，然后会用把小鳄鱼含在嘴里的方式，一个一个地将小鳄鱼送到浅水区，完成整个繁衍过程。鳄鱼繁衍小鳄的过程，完全可以给我们研究恐龙如何下蛋提供思路。

图 3-61　鳄鱼产蛋照片

地质专家和古生物专家通过对发现的恐龙胚胎、破碎的恐龙蛋壳、保存好或较好恐龙蛋窝的对比与研究，已经取得了一些共同的认识：恐龙的繁衍过程与鳄鱼的繁衍过程有太多的相似之处。此外，加上地质古生物专家对已出露的恐龙蛋化石、恐龙的胚胎化石、基本保存较好的恐龙蛋窝进行观察、对比与研究，基本可以肯定恐龙产蛋也是经历了做窝、产蛋和孵化三个过程。首先大多数雌性恐龙会选择阳光充裕、地势较高、临水、沙土松软的地方作为做窝的优选地，紧接着就是做窝产蛋。虽然不同种类的恐龙筑巢产蛋方式不完全一样，在蛋窝中蛋的排列方式也不尽相同，但很好地反映了恐龙做窝的多样性，不同类型恐龙繁殖习性的巨大差异性，以及与恐龙蛋多样的外形和蛋壳结构的相关联性。窃蛋龙、伤齿龙、慈母龙等不同恐龙筑巢产蛋的例子如下。

1.窃蛋龙做窝与产蛋

雌性窃蛋龙产蛋前，会先用脚爪堆起一个土堆，然后蹲在土堆上方，每次同时产出 2 枚长形蛋，蛋依次落在土堆斜坡上。雌性窃蛋龙在产蛋时会一边产蛋一边依次转圈，蛋会围成圆圈呈放射状排列在蛋窝中，蛋的钝端向圆心，尖端向外。产完一圈之后，盖上一层沙土，接着用同样的方法产下第二圈、第三圈蛋，直至产完为止，最多的有四圈，蛋的数量多达数十个（图 3-62、图 3-63）。窃蛋龙对下蛋很讲究，它将恐龙蛋呈放射状的交错排开，这样可以使恐龙蛋避免压到彼此，并使每一个蛋都能最大限度地吸收太阳光的热量，让小恐龙更容易孵化出来。窃蛋龙名字的本义是偷蛋的蜥蜴，这是缘于研究人员最初假设这种恐龙以蛋为食，因为它的遗骸总是与蛋壳伴随在一起。但现在科学家们已经意识到这种史前生物其实是在筑巢而非享用。

图 3-62　窃蛋龙蛋窝

图 3-63　模拟的窃蛋龙蛋窝

2.伤齿龙做窝与产蛋

伤齿龙作为恐龙中最聪明的类群之一,筑巢产蛋方式也独具一格,雌性伤齿龙产蛋前会先用爪松土,然后蹲坐下来使其身躯成直立或半直立姿势,依靠输卵管向下蠕动的力量把一个个蛋直立在地上,蛋的尖端朝地,插入松软的沙土中(图 3-64)。

图 3-64　模拟的伤齿龙直立产蛋

伤齿龙类的蛋细长,且蛋壳很薄,在 0.6~1.0 毫米。因而这种筑巢产卵行为能使蛋的抗失稳能力比把它们平放埋在沙土中提高 4~5 倍,可以有效地防止蛋壳受压破损,保证胚胎顺利发育。关于伤齿龙科生理结构的研究,尤其是最原始的物种如中国猎龙,证实它们与始祖鸟、原始的驰龙科恐龙有极相似的生理结构,并证实了这些动物都是近亲,共同形成近鸟类演化支。

伤齿龙科恐龙是群体型小到中型的兽脚类恐龙,体重在 30 千克以内;相对于其他兽脚类恐龙,它们拥有较长后肢;它们的第二脚趾拥有可收缩的大型弯曲趾爪,类似驰龙科的镰刀状趾爪。但伤齿龙科的趾爪没有驰龙科的那样大型、弯曲;这些趾爪无法收缩到驰龙科同样的程度,也无法在行走时远离地面。至少有一种伤齿龙科恐龙——无聊龙,它们的第二趾爪笔直,行走时无法远离地面。

3.慈母龙做窝与产蛋

慈母龙筑巢产蛋方式有些像海龟产蛋,产蛋前,雌恐龙会先用脚爪在沙滩上挖一个坑,然后把蛋产在坑里,排成整齐的圆形,再在蛋上面铺上植物和一层沙土(图 3-65、图 3-66),

可以起到保温作用。

在进行孵化时,雌恐龙起到了很重要的作用。在窝里的蛋主要是依靠阳光的热量来进行孵化的。孵化期间,雌恐龙就是这些蛋的守护者,以防窃贼掠食。当小恐龙快出壳的时候,雌恐龙就会帮助它们弄破蛋壳,以便让它们顺利的出生。此外,科学家们还发现,小恐龙在出生后,雌恐龙就会马上衔来食物,给小恐龙们喂食。小恐龙在雌恐龙的照顾下就会茁壮成长。在这期间,雄恐龙做的事,科学家们一直没有弄清楚。

图 3-65　**慈母龙蛋窝**

图 3-66　**慈母龙正在哺育小龙**

3.2.6　生活在郧阳这片土地上的恐龙的繁殖行为

与窃蛋龙、伤齿龙、慈母龙的繁殖方式相比较，生活在郧阳盆地上的恐龙无论是做窝形式还是产蛋方式都有较大的差别。在郧阳的青龙山土庙岭最多有 6 个产蛋层，每层有多个蛋窝，同一层位的蛋窝间距为 2~5 米，蛋窝中可见数层蛋化石叠压在一起(图 3-67)，这样的蛋化石群在世界上其他地区少见。

图 3-67　三层恐龙蛋化石叠在一起的蛋窝

此外，因为一些蛋窝尚未修理，暴露得均不完整，多数蛋窝的准确结构不太清楚，有些相对集中的蛋化石尚不能肯定是否属于同一窝。只有将蛋化石尽量充分地暴露出来，才有可能得到关于恐龙产蛋方式的可靠信息，因此只能根据目前能够观察到的部分蛋化石对恐龙的产蛋行为作出有限的推断。

与在蛋窝中呈放射状排列的长形蛋类和直立于蛋窝中的棱柱形蛋类不同，土庙岭剖面上的部分蛋化石无规则地上下重叠，不同层的蛋化石多直接接触。这样的排列方式只可与大圆蛋类(Cousin et al., 1994; Moratalla & Powell, 1994; Sahni et al., 1994; Mohabey, 1996; Chiappe et al., 2000; Grellet-Tinner et al., 2004; Grellet-Tinner et al., 2006)、蜂窝蛋类(Mikhailov et al., 1994; Huh & Zelenitsky, 2002)、网形蛋类和石笋蛋类等(王强等, 2012)相比较，意味着蛋化石是被泥土或植被埋藏孵化的，产蛋恐龙的筑巢习性与现代的龟鳖类和鳄类相似。从土庙岭剖面上恐龙蛋窝的密集程度(窝间距多为 1~2m)来看，产蛋恐龙有集群繁殖的习性。

从出露情况较好的 TML-3 蛋窝来看，蛋窝的形态大致呈一弧形。有报道表明产自法国的大圆蛋类在水平方向上也有弧形的排列方式，并认为这是恐龙一边产蛋一边旋转身体的结果，弧形中央没有蛋化石的半圆形区域是产蛋恐龙自身占据的地方，因此可以通过这个区域半径的大小来推断产蛋恐龙体型的大小(Cousin et al.,1994;Moratalla & Powell,1994)。但是科研人员通过对 TML-3 中蛋化石的蛋壳结构的观察和对比发现，这个“蛋窝”中至少存在 3 个不同的蛋种：土庙岭扁圆蛋、郧县扁圆蛋和滔河扁圆蛋。土庙岭扁圆蛋和沈氏扁圆蛋各居于蛋窝的一端，且几乎各占一半(已确认的分别为 15 枚和 13 枚)，除了少数蛋化石外，总体分布规律非常明显。滔河扁圆蛋位于土庙岭扁圆蛋之下(图 3-68)。这样的情况至今从未被报道过。一种合理的解释是：这个蛋窝不是一只恐龙产下的蛋，而是至少 3 只恐龙先后在几乎完全相同的位置产卵，即这个“蛋窝”实际上是由若干个小的蛋窝共同组成的。现生的海龟会在一个集中的时间段内到同一片沙滩上产卵，由于产蛋海龟数量过大，蛋窝非常密集，后来的海龟有可能偶然地重新掘开原有的蛋窝，并将自己的蛋产在里面。另外，某些平胸鸟类，比如鸵鸟，是数只雌鸟将将蛋产在一起，由一只雄鸟孵化，那么这样得到的“蛋窝”也与通常认为的由一只雌性产出的蛋窝有明显区别。不过从蛋化石的埋藏方式看，TML-3 中 3 个不同的蛋种应当是偶然重叠在一起，与海龟产蛋的情况相似。

图中至少有三种不同恐龙产的蛋：带蓝色编号的为土庙岭扁圆蛋，黑色编号的为郧县扁圆蛋，粉红色编号的为滔河扁圆蛋，虚线为土庙岭扁圆蛋和郧县扁圆蛋大致的分界线(比例尺为 10 厘米)

图 3-68　TML-3 蛋窝

除了 TML-3 以外，TML-2 和 TML-10 也不是由同一种蛋化石组成。TML-2 和 TML-10 中除土庙岭扁圆蛋外还各发现了一枚沈氏扁圆蛋，TML-2 中还有一枚贺家沟假棱柱形蛋，可见不同的恐龙，甚至是亲缘关系较远的恐龙都有可能将蛋产在一起，说明来郧阳这片繁殖地产卵的恐龙不仅数量非常大,种类也可能多。

现生的陆生脊椎动物中,捕食性的哺乳类不会大规模集群繁殖,因为少量的个体就需要相当大的领地才能提供足够的食物;而捕食性的爬行类,如鳄鱼,则不受此限制。在土庙岭集群繁殖的恐龙,如果代谢模式接近现代的爬行类,即不需要太多的食物就能维持自己的生存需要,那么有可能是肉食性的;如果代谢模式接近哺乳类,是植食性动物的可能性更大。现在已知的兽脚类恐龙的蛋,如窃蛋龙蛋和伤齿龙蛋(长形蛋类和棱柱形蛋类)都是长形的,蛋壳结构与鸟蛋壳接近;而土庙岭剖面上的蛋化石为扁圆形,主要为树枝蛋类,无论是外形还是蛋壳结构都与前者有很大区别,所以不应属于兽脚类恐龙,而有可能是某些植食性恐龙的蛋。那么土庙岭剖面展示的可能是一群植食性恐龙的繁殖地,集中繁殖的目的是使大量的后代可以同时孵化,最大限度地提高后代的生存概率。

另外,土庙岭剖面上各个产蛋层的蛋化石类型组合基本相同,表明相同种属的恐龙在一段时间内会反复回到同一个地点进行繁殖。美国蒙大拿州 Willow Creek 背斜上发现的蛋窝情况与之相似,在这个地点,剖面上 3 米厚的岩层内共发现了 3 个产蛋层,不过不清楚蛋化石具体所属的类型(Horner,1982);印度的 Pavna、Phensani 和 Kankradungra 有同一剖面上发现多层大圆蛋类蛋化石的报道(Mohabey,1996;Mohabey,2000),进一步证实了产树枝蛋类的恐龙和产大圆蛋类的恐龙有相似的繁殖习性。

郧阳区一带分布的恐龙蛋化石涉及 3 科 3 属 9 种,今后还可能发现新的属种,但占绝对优势的蛋化石为树枝蛋化石,它们几乎分布在整个研究区的产蛋层位,而其他属种的蛋化石仅在个别产蛋层和个别点上出现。这一现象表明:研究区内古区域环境对物种的自然选择异常强烈,造成物种种类不很丰富,除树枝蛋外,其他种类比较单一,使物种趋于特化。从郧阳的树枝蛋壳结构特征看,壳单元分支多、空隙大,蛋壳透气性好,这意味着它们需要被埋藏起来才能孵化,否则会因大量失水而死亡。这再次证明在郧阳生活过的这类恐龙与今天的龟、鳄等爬行动物类似,在近水的地方掘穴产蛋。由于研究区内的古环境极其适宜这类恐龙的繁殖,所以这里成为了一个固定的产卵场所,恐龙们年复一年地回到这里,才能留下如此壮观的蛋化石群遗迹。

郧阳盆地内呈窝状出露的恐龙蛋化石已有 200~300 窝,但与在蛋窝中呈放射状排列的长形蛋类和直立于蛋窝中的棱柱形蛋类不同,郧阳盆地内剖面上的部分蛋化石无规则地上下重叠,不同层的蛋化石多直接接触,排列无序,意味着蛋化石是被泥土或植被埋藏孵化的,产蛋恐龙的筑巢习性与现代的龟鳖类和鳄类基本相似(图 3-69)。

郧阳盆地内的恐龙蛋化石多数为树枝蛋类的扁圆形蛋化石,除个别圆形蛋和两枚假棱柱型蛋外,没有发现过长形蛋蛋化石。因此蛋窝形态比较简单,石化以后的蛋化石在新构造运动的影响下,产蛋地层受到多组不同方向节理的切割,许多蛋窝的完整性遭到了破坏(图 3-70、图 3-71),加上郧阳盆地内的恐龙蛋化石埋藏较浅,近地表的蛋化石受自然风化的影响也较严重,目前保存完整的蛋窝并不多,大致可以划清形态和结构的蛋窝也就 3~4 种。

图 3-69 人工养殖园实拍的鳄鱼完整蛋窝

图 3-70 受多组节理切割及分化，造成蛋化石裂开、破碎、移位、掉落，破坏了蛋窝的完整性

图 3-71　风化脱落破坏了蛋窝的完整性

1.椭圆形蛋窝

椭圆形蛋窝是出露最广的蛋窝,每窝蛋 6～20 个不等,以每窝 6～10 个蛋者为常见(图 3-72、图 3-73)。蛋化石呈扁圆形,赤道面圆形或近圆形,长轴为 133～161 毫米,短轴为 138～159 毫米,蛋壳厚度为 1.42～1.58 毫米;除每窝恐龙蛋的个数一般比鳄鱼一窝蛋的个数少一些外,蛋窝的形态也基本相似,蛋与蛋之间排列无序。是恐龙在下蛋时会像鳄鱼下蛋一样,下一个蛋后,都会用后肢把蛋往后推动一下,致使蛋与蛋之间的结构和排列方式没有一定规律。为此推测恐龙下蛋时是趴在蛋窝上面后,从后往前缓慢往前爬行着下的蛋,这样先下的蛋就不会被身体压坏。椭圆形的蛋窝可能与恐龙造的窝中间宽两头窄有关。

图 3-72　椭圆形恐龙蛋窝(一)

图 3-73　椭圆形恐龙蛋窝(二)

2.弧形恐龙蛋窝

弧形蛋窝中的蛋化石形态均呈扁圆形，为树枝蛋类。蛋窝一般较大，总长度可达到 2.5 米以上，外圈至内圈的宽度将近 1 米，外圈与内圈内一般夹有 3~5 枚蛋，最多一窝蛋的总蛋数可达 80~90 枚(图 3-74、图 3-75)。与椭圆形、圆形蛋窝相比，弧形蛋窝一窝蛋的数量是椭圆形或圆形蛋窝数量的好几倍，造成这种差距的原因目前还没有一个较科学的解释，有待更深入的研究，提出一种大家都可以接受的结论。

图 3-74　弧形恐龙蛋窝(一)

图 3-75　弧形恐龙蛋窝(二)

3.排列呈网格状分布的恐龙蛋窝

在郧阳青龙山恐龙蛋化石保护区内,呈网格状的蛋窝比较常见,特别是在第三原位馆中有多片面积较大的网格状的蛋窝。窝中的蛋化石成排成列、十字交叉有规则的排列呈网格形式。虽有些已受断裂及节理和风化作用的影响,有所破坏,但其轮廓仍十分清晰,基本可以识别(图 3-76、图 3-77),关于如何解释这种产蛋行为,有些研究者提出可能是雌恐龙开始就安排好了产蛋方案,产完第一排就向前移动一段距离,按照与第一排相同的方式产下第二排、第三排,直到把蛋下完为止。这种方式虽然蛋窝占地面积较大,但可以保证蛋与蛋之间保持一定的距离,所有蛋都能接受阳光均匀照射,有利于提高蛋的孵化率,还可以保证雌恐龙下蛋时,因身体的向前移动而压碎先下的蛋。

图 3-76　成排成列网格式分布的恐龙蛋窝(一)

图 3-77　成排成列网格式分布的恐龙蛋窝(二)

3.2.7　恐龙蛋化石壳内物质成分

郧阳恐龙蛋化石产地内,至今未发现未孵化的恐龙蛋化石和蛋壳未破裂的蛋化石。因此,现今蛋壳内的物质均是从蛋壳破口进入围岩内(砂、含砾砂及含泥砂)的物质,其物质成分与蛋壳外的围岩物质完全一样,其壳内物质成分随围岩物质的变化而变化,至今没有发现原始的壳内物质。

3.2.8　恐龙蛋壳的物质成分

本项目进程中,一共在郧阳盆地内分两次采集了 9 个蛋壳样品,经 X 荧光衍射分析,得出恐龙蛋壳的矿物成分主要为方解石,其次为石英、长石、绿泥石、云母等(表 3-13、表 3-14)。方解石含量 80%~93%,石英含量 3%~8%,长石的含量≤2%,绿泥石含量 0~5%,水云母含量 2%~5%。表中,石英、绿泥石、水云母的含量变化较大,这种成分的变化,推测为实验前,因清洗样品后仍然残留有少量的壳外物质所引起。恐龙蛋壳原本由钙质(方解石)组成,后来因为外力作用,使蛋壳发生破裂,一些长英质溶液沿破裂缝中进入,并充填在壳内保留下来,另有一些黏土物质直接填充在裂缝中,或粘染在蛋壳的表面,当我们清洗样品时,不可能把这些后来物和粘染物全部清洗干净,样品粉碎时,这些外来物质就混入其中,造成样品的污染,矿物成分随污染物的多少而发生变化。以 QLS-1 与 Mh-2 两个蛋壳样品相比,QLS-1 方解石含量为 80%,Mh-2 最大含量为 93%,同一种动物的蛋壳方解石含量相差

13%是绝对不可能的,又如绿泥石,QLS-1 为 5%,Mh-2 为 0,很明显绿泥石不是蛋壳中的原来物质,是后来的污染物(表 3-13)。由此推断蛋壳的矿物成分主要是方解石,方解石内有呈弥散状分布的一些微量元素及至少低于 5%的其他矿物。为证实这一认识是否符合实际,恐龙蛋壳的主要物质成分是否均为方解石,其他一些物质是后来进入蛋壳内的外来物质,项目组分别对 QLS-1 至 QLS-5 样品蛋壳的外壳、内壳及横切面,做了环境电镜扫描,扫描图像显示,蛋壳的内壳面因剥离时基本与壳内物质分离,图像显示蛋壳物质主要为基本自形的方解石,极少见絮状物(黏土矿物),而外壳面扫描图像絮状物大量出现,说明壳外污染严重。纵切面扫描图像主要见到的基本都是方解石,只在两端见到一些絮状物和片状矿物(图 3-78、图 3-79、图 3-80)。均说明石英、长石等矿物为次生充填矿物,黏土矿物为污染物。

图 3-78　蛋壳裂缝中的(黏土矿物)填充物(蛋壳外切面)

表 3-13　恐龙蛋(化石)蛋壳 X 衍射分析结果表(一)

样号	矿物含量/%					测试单位
	方解石	石英	长石(蒙脱石)	绿泥石	水云母	
Y-1	83~88	3~8	1~2	1~2	3	湖北地质实验研究所
T2-5	85~90	3~8	<1		2	

续表

样号	矿物含量/%					测试单位
	方解石	石英	长石(蒙脱石)	绿泥石	水云母	
Mh-3	83~88	3~8	2		3	湖北地质实验研究所
Mh-2	88~93	3	1~2		2	

表 3-14 恐龙蛋(化石)蛋壳 X 衍射分析结果表(二)

样号	矿物含量/%					测试单位
	方解石	石英	长石(蒙脱石)	绿泥石	水云母	
QLS-1	80	8	2	5	5	中国地质大学(武汉)
QLS-2	83	5	2	5	5	
QLS-3	80	7	3	5	5	
QLS-4	85	3	2	5	5	
QLS-5	85	2	2	2	3	

图 3-79 蛋壳内主要为方解石(蛋壳纵切面),方解石呈自形粒状

图 3-80　蛋壳内切面主要为方解石，少量的片状矿物黏土矿物

朱光有等(1998)曾对西峡盆地的恐龙蛋化石蛋壳矿物成分做过 X 衍射分析，其中，方解石含量为 88.5%，石英含量平均 4%，长石含量平均 2.5%，黏土矿物 4%。这一结果与本次测定结果基本一致，方解石一般呈自形、半自形组成蛋壳的棱柱层和锥体层。

3.3　郧阳盆地恐龙蛋化石沉积环境分析

3.3.1　上白垩统高沟组岩性特征

上白垩统高沟组是郧阳盆地中的主要产恐龙蛋化石层，一般有 2~4 个产蛋小层，其中在土庙岭剖面上见到 6 个产化石层(图 3-81)，每个产化石层厚度 0.8~1.5 米，其中又以第二产蛋层化石最丰富，分布密集，种类多，蛋窝结构完整。最多一窝恐龙蛋(化石)有 89 个，是目前全球见到的蛋化石最多的一窝蛋。

高沟组总体上为一套紫褐色、浅紫红色至棕红色的粗碎屑为主的磨拉石建造层。从下至上由几种不同类型的砾岩、砂砾岩、砂岩、泥质砂岩叠覆组成。从下至上粒度由粗变细，呈正律向序分布。该岩组在横向上、纵向上变化均大，颗粒大小悬殊混杂。根据沉积物大小，又可以分为上下两段。

（1）下段：为几乎没有内部构造的块状层，为紫红色到棕红色，砾石成分主要为就近来自武当岩群的以片岩为主的变质岩（图 3-82、图 3-83），包括白云石英片岩，绢云石英片岩、白云钠长片岩、绿帘绿泥钠长片岩、绿帘黑云钠长片岩及少量的石英岩，变酸性火山岩及大理岩砾石。砾石大小不一，成熟度差，为棱角状—次棱角状，呈基底式胶结。未见恐龙蛋化石。

图 3-81 高沟组呈正律向序列沉积（从下至上由粗变细）

砾石主要由白云石英片岩、绿帘黑云钠长片岩、绢云石英片岩等组成，砾石棱角状，大小混杂，钙泥质胶结

图 3-82 高沟组下段含钙砂泥质角砾状砾岩（宏观照片）

图 3-83　高沟组下段含钙砂质砾岩（显微照片，放大 40 倍，正交偏光）

（2）上段：高沟组上段下部主要为褐红色、浅红褐色含砾粗砂岩与含砾砂岩呈互层产出，单层厚度 0.5~1.5 米。其中砾石和砂的成分主要为云母片岩砾，即继承先期（下段）砾石及砂的成分。砾石成熟度低，呈棱角状—次棱角状，表明底部和中部的物质来源于同一处物源。岩石呈大小颗粒的砂状结构，接触孔隙式胶结，在土庙岭剖面和青龙山剖面上，见不明显的呈透镜状的平行层理和交错层理（图 3-84、图 3-85）。该岩性段在卧龙山、青龙山、土庙岭、磨石沟均有出露，是主要产蛋层。

图 3-84　高沟组上段下部含砾钙质砂岩（显微照片，放大 40 倍，正交偏光）

图 3-85　高沟组上段下部含砾粗砂岩(宏观照片)

高沟组上段上部主要出露褐红色、砖红色含砾砂岩夹粉砂岩,砂质黏土岩(图 3-86、图 3-87),颗粒与中段相比明显变细。在砂层中常有砂质泥岩及泥岩透镜体,砂中碎屑物主要为片状变质岩,计有黑云石英片岩、绢云石英片岩、绿帘黑云石英片状、变酸性火山岩等,表现沉积物的来源与中下部一致性。少量的砾石和大量的碎屑呈棱角状—次棱角状,显示近距离近源物质沉积的特征。

图 3-86　高沟组上段上部砂质黏土岩(显微照片,放大 100 倍,正交偏光)

图 3-87　高沟组上段上部砂质黏土岩透镜体(宏观照片)

在青龙山和磨石沟一带可见平行层理,青龙山和土庙岭一带见楔状交错层理(图 3-88)。该层主要出露在蛋化石分布区的北东部(青龙山—磨石沟一带),在南西部(卧龙山一带已全部剥蚀殆尽)物源来自就近的武当(岩)群变质岩。

图 3-88　高沟组上段砂岩中的楔状交错层理

3.3.2　上白垩统马家村组岩性特征

马家村组主要岩石类型为浅褐红、褐灰、灰黄色砾岩、砂砾岩、砂岩、泥质砂岩，呈负律向序列排列。整层又可以分为上、下两段。

下段为浅褐红色（风化色）砂砾岩夹砂岩（图 3-89）。砾石多呈扁圆状，基底式胶结，胶结物为高岭石等黏土矿物。砾石成分主要为石灰岩和白云质灰岩，大小 2~3 厘米，次圆状—圆状，叠瓦状排列或扁平轴向平行排列。砾石扁平方向产状 140°~198°，指明物质来源于南西部。含砂砾石层和砂层常呈夹层或互层出现，局部见冲刷现象和交错层理。

图 3-89　马家村组下段砂岩与砾岩互层（砾石呈扁平状，次圆—圆状，具交错层理）

马家村组上段为灰褐色、灰白色块状砾岩层，厚 2~3 米，砾石主要为石英岩、变粒岩、浅粒岩、少量变基性岩，呈次棱角状—次圆状，大小 3~8 厘米，个别大于 10 厘米。排列无序，胶结物为黏土矿物杂基（图 3-90），反映物质来源于南西部的武当（岩）群二、三岩组。具明显交错层理。

3.3.3　上白垩统寺沟组岩性特征

寺沟组主要为一套紫红—浅砖红—浅灰白色含钙细粒长石石英砂岩、含泥质钙质细粒长石石英砂岩和钙质胶结石灰质砾岩组成。为一套从下至上粒度变细的正向沉积序列层，根据岩性变化可分为三部分。上部为紫红色层理不发育的厚层、含钙质长石石英砂岩，接触孔隙式胶结，含少量钙质结核，胶结物为方解石和少量黏土矿物（图 3-91、图 3-92），该层在盆缘边部仅红寨子剖面有所保存，往盆中央出露较宽较稳定。

图 3-90　马家村组上段砾岩（具明显交错层理）

图 3-91　含钙质细粒长石石英砂岩（宏观照片）

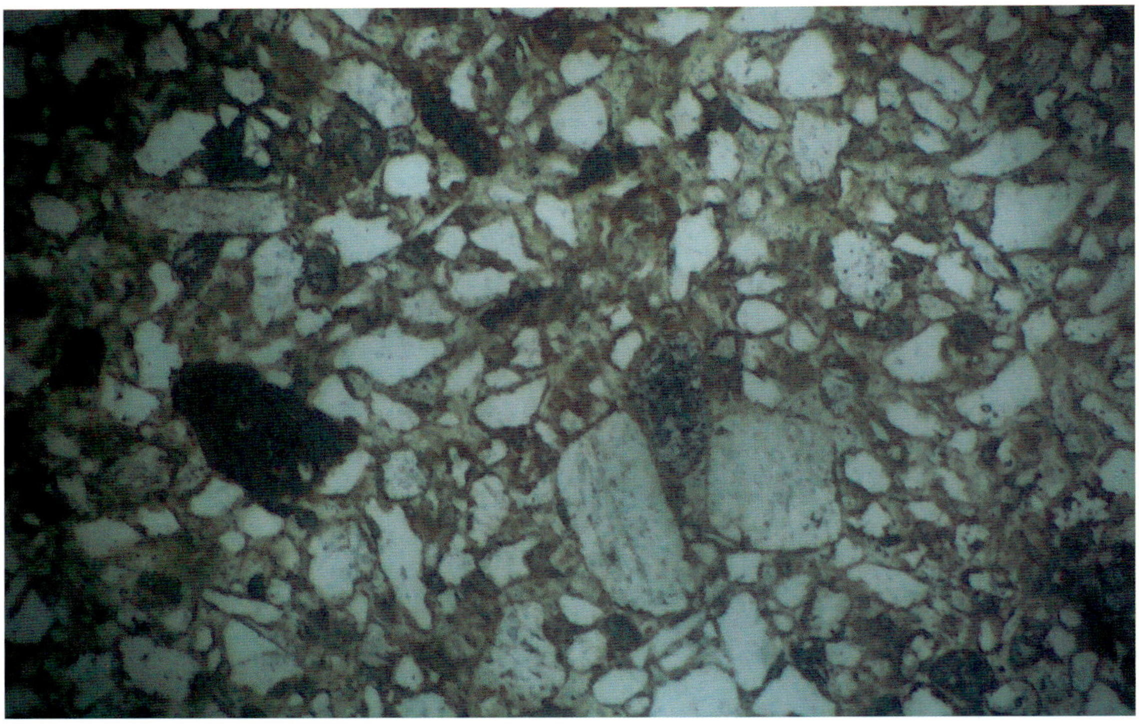

图 3-92　含钙细粒长石石英砂岩(显微照片)

中部为浅紫红色含泥质钙质细粒长石石英砂岩,砂状结构,接触孔隙式胶结,胶结物为方解石和混合在一起的黏土矿物杂基,在红寨子及对面山坡上见有楔状交错层理,与上部岩性呈渐变关系。

下部为灰白色钙质胶结石灰质砾石。砾石主要为灰岩、白云岩砾、少量石英砾。分选性差,大者可达 10~26 厘米,小者仅 1~2 厘米。磨圆度好,为次圆状—圆状,方解石胶结。大致呈叠瓦状排列,厚度 1~3 米(图 3-93、图 3-94)。在青龙山至红寨子一带分布稳定,并在底部见冲蚀充填构造(图 3-95),是分层的重要标志层。本砾石层与下伏马家村组呈大致平行接触,但岩性反差巨大。下伏马家村组主要为石英砾和砂岩砾及少量变质岩砾,泥质胶结物含量高。寺沟组砾岩的砾石成分主要为灰岩、白云岩、胶结物为方解石,基本不含黏土矿物,反映该层沉积物物源主要来自盆地北部地区的震旦纪灯影组。从砾石分选性差,磨圆度较好分析,说明搬运砾石的水动力较大,搬运距离相对较远。同时,也反映了晚白垩世期间,郧阳盆地构造抬升的不均匀性。早期南西部抬升快,地势较高;晚期北部抬升快,地势较高。

3.3.4　郧阳盆地上白垩统沉积环境分析

1.断陷盆地沉积环境分析

经过长期的研究,目前对冲积扇的沉积环境和相模式已经有了一种基本的共识,并总结出了冲积扇形成的基本规律及所具有的一般特征。一般认为,砾质岩为主的粗(细)碎屑岩组合以突发性、快速堆积为特点。从各个地质时代地层比较分析,巨厚层持续出现的粗

图 3-93　钙质胶结石灰质砾岩(宏观照片)呈叠瓦状排列

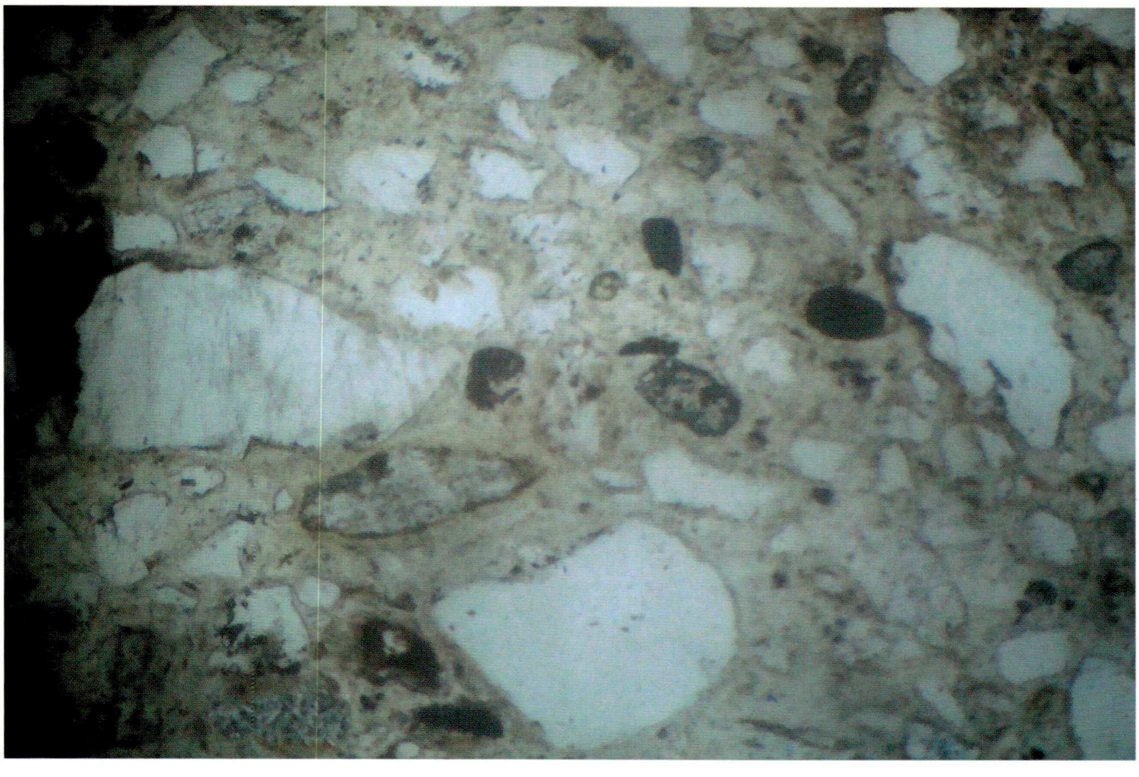

图 3-94　钙质胶结石灰质砾岩(显微照片)

图 3-95　寺沟组底部的冲蚀充填构造

细碎屑岩组合，主要形成于造山活动带前缘或在较大坡降的地理位置上（冯增照，1994），大多分布在海、湖盆地外的陆相沉积岩组合中。以砾质岩为主的陆相沉积形成于山麓泥石流、辫状河和部分曲流河环境，常环绕山脉沿山麓分布，在气候干热地壳升降运动强烈、风化剥蚀作用强烈地区，洪水将沉积物从山区带出，在山口的山麓地带因坡降减小堆积而成。由于粗碎屑层中难以求得准确的地层或化石标志，因此，冲（洪）积扇是大陆相组的一个组成部分，主要分布于干旱或半干旱气候区，并以砾质岩为主的粗（细）碎屑岩组合和突发性、快速堆积为特点。

研究区所在的郧阳盆地是从中上代晚白垩世开始，源于造山作用晚期因应力作用调整、伸展拉陷，在造山带中形成的山间断陷（拉伸）盆地。因此，研究区所处的郧阳盆地的沉积物，具有大陆沉积环境的普遍特征。从白垩系上统沉积物成分就不难看出，研究区晚白垩世的沉积物均以砾质岩粗碎屑岩组合为主，距物源区距离较近，沉积物的横向变化大，岩石中不稳定组分较多，已基本表明研究区内的沉积物是一种冲积扇环境下的沉积物。成分较高而呈红色，说明研究区的沉积环境是一种大陆相冲积扇环境。这是因为，郧阳断陷活动期，造成了断陷盆地内与周边山地在地势上的巨大反差，周边陡峻，盆内开阔，盆地内成为周边山地的汇水中心，为冲（洪）积扇的形成提供了地势上的环境条件。加上从古生代至中生代，秦岭中段南部基本处于上升或造山阶段，长期处于风化剥蚀的环境之下，在地形变化急剧的山口，遭受侵蚀风化的基岩在山洪的冲积下，容易丧失平衡，与下垫岩石发生分离，这就为冲积扇的形成提供了良好的物源环境条件。从研究区沉积物均呈红色表明，大多数沉积物是在自由氧流通的环境条件下，因氧化作用强烈生成大量氧化铁（赤铁矿，Fe_2O_3）所致，同时也表明当时的气候条件是一种适合冲积扇形成的气候条件。

综上所述，依据研究区所处大地构造位置、构造演化条件、沉积物沉积环境条件及沉积物成分等，把郧阳断陷盆地（含研究区）内上白垩统的沉积环境归入大陆相冲（洪）积扇环境的理由是充分的，结论也是可靠的。

2.上白垩统高沟组沉积环境分析

前已述及，高沟组主要分布在郧阳盆地的西北部边缘，与下伏中新元古代武当（岩）群呈不整合接触，以紫红色、棕红色的成分复杂的砾岩层，砂砾岩层和含砾砂岩层组成，呈舌状体分布，层次不明显。下部以岩块、砾石及粗碎屑和泥混合沉积在一起，呈块状体，基本无层理，砾石分选性极差，大小混杂，呈棱角状，依据冲洪积扇结构特征，高沟组下部沉积物是组成冲积扇底部的泥石流沉积物；高沟组上部砾石含量逐渐减少，砂质成分逐步增加，显示泥石流过后，山洪呈片状漫流沉积特点的证据。与典型冲积扇沉积相比，高沟组明显具有冲积扇扇根沉积环境特征，即分布在断陷盆地的边缘，沉积坡角大，沉积物主要由分选极差的混杂砾岩、砂砾岩组成，一般无层理，呈块状构造，常见筛积物或砾石间被黏土、粉砂和砂等基质所充填等特征，符合冲（洪）积扇中扇根的岩石组合（图 3-96）特征。

土庙岭剖面	岩性与沉积构造	环境分析
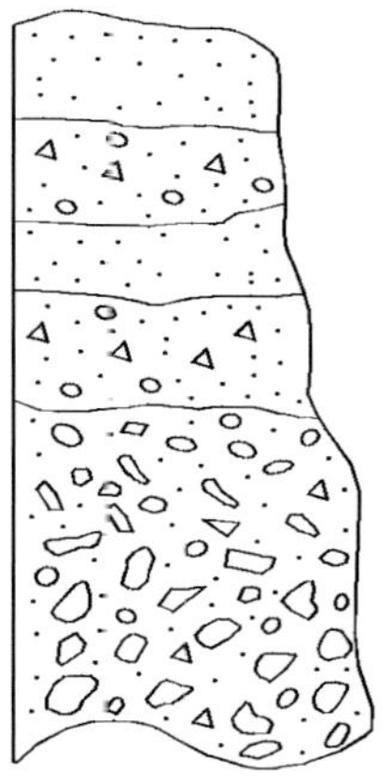	砖红色、褐红色细砂岩与含砾砂岩互层，从下至上颗粒变细； 上部棕红色叠瓦状砾岩、砂砾岩。不明显平行层理，砾石分选性差，棱角状； 下部块状砾岩，杂基支撑，砾石棱角状，大小混杂	扇根环境； 上部片状漫洪沉积，下部泥石流沉积； 沉积物紫红色，大小混杂，无层理特征，砾石成熟度低呈棱角状，被黏土、粉砂、砂等基质充填，钙质（方解石）胶结

图 3-96　高沟组沉积环境分析

3.上白垩统马家村组环境分析

马家村组由砾岩及砂砾岩、砂岩、泥质砂岩组成，砾岩层和砂岩层常呈互层产出，砾石呈扁圆状、叠瓦状排列（图 3-97），岩性特征和沉积构造特征与典型冲积扇扇中环境比较（陈建强等，2004；梅冥相、高金汉，2005），具早期辫状河道沉积特征。从沉积物主要以砂岩、含砾砂岩、砾岩组成，砂的沉积物比率增高，砾石常呈叠瓦状排列，河道冲刷—充填构造较发育，导致形成槽状交错层理，分选性较扇根好等特点。也说明马家村组是一种早期辫状河沉积条件。

图 3-97　马家村组砾岩(砾石呈扁平状、叠瓦状排列,次棱角状—次圆状)

此外,碎屑岩粒度分析概率曲线图显示马家村组岩性粒度较粗,偏度均为正,累积概率曲线分为 3 段,包括滚动总体、跳跃总体和悬浮总体,跳跃总体占主体,其累积频率曲线总体也反映为河流沉积(图 3-98)。由此分析,马家村组明显反映为冲积扇早期辫状河沉积阶段产物(图 3-99),为一种冲积扇扇中沉积环境。

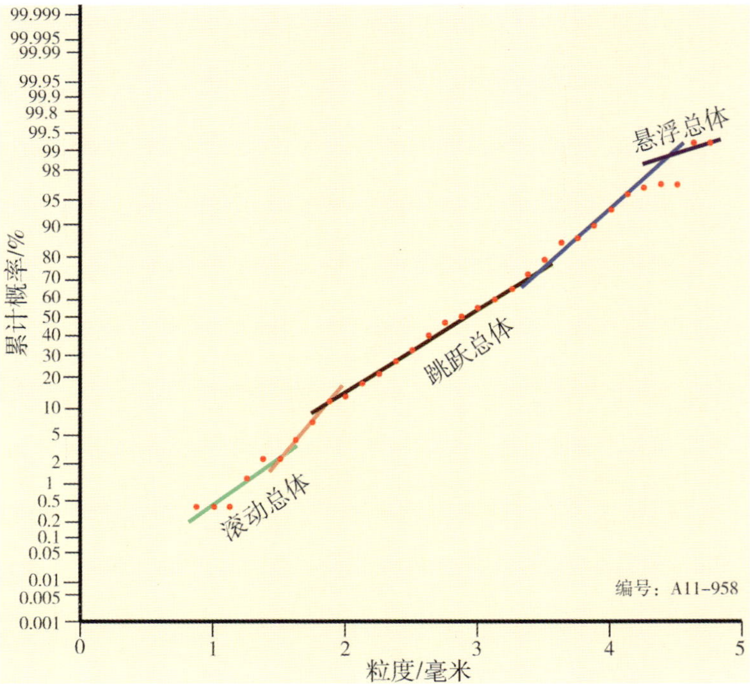

图 3-98　马家村组砂砾岩碎屑岩粒度分析概率曲线

土庙岭剖面	岩性与沉积构造	环境分析
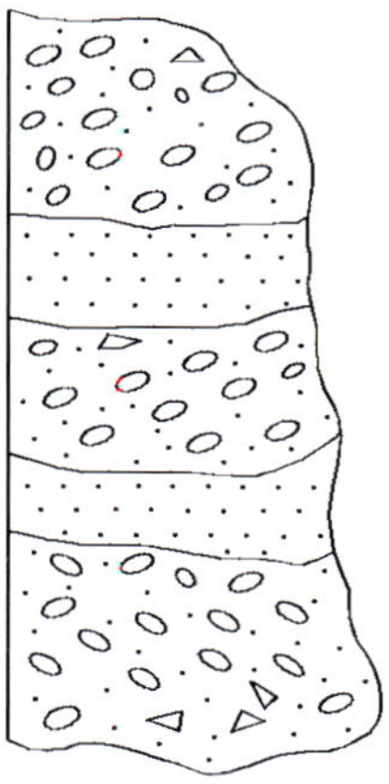	褐红色、浅棕红色砾岩与砂岩互层，砂石呈扁平状；次棱状一次圆状，见楔状交错层理，砾石具叠瓦构造，底部见冲刷充填构造	扇中环境； 辫状河相沉积

图 3-99　马家村组沉积环境分析

4.上白垩统寺沟组沉积环境分析

寺沟组岩性共分为两段，上部为块状含钙质结核的长石石英砂岩，见楔状交错层理，下部为钙质胶结的石灰质砾岩层，砾石呈次圆状和圆状，底部见冲刷充填构造，其岩性特征和沉积构造特征显示河床—边滩—河漫滩沉积环境特点。从碎屑岩粒度分析曲线分析，累积概率曲线缺失滚动总体和悬浮总体，跳跃总体几乎占粒度分布的全部，累积概率曲线表明为河流沉积环境（图 3-100）。

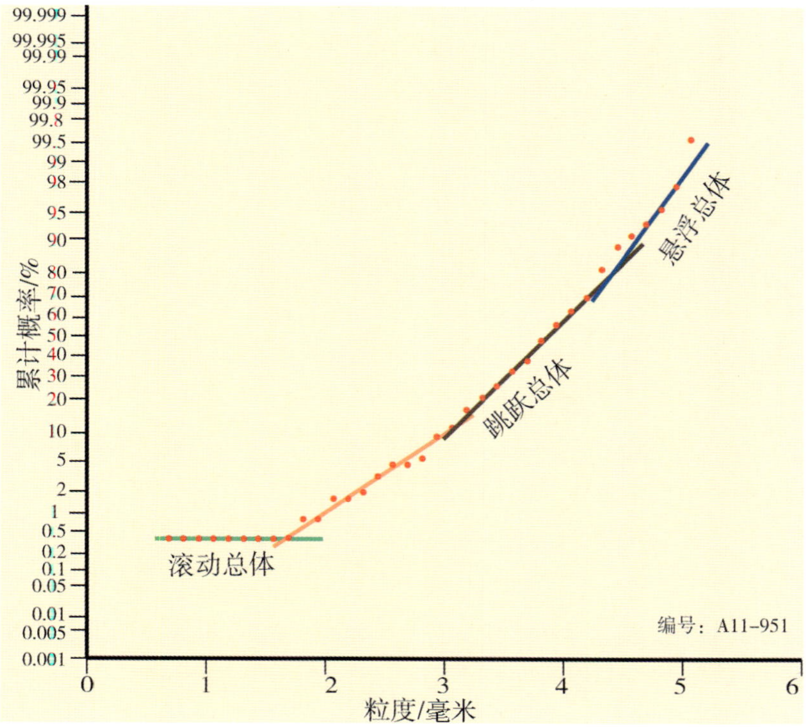

图 3-100　寺沟组砂岩碎屑岩粒度分析概率曲线图

一般情况下，扇缘出现在冲积扇的趾部，其地形较平缓，沉积物通常由砂岩和含砾砂岩组成,夹粉砂岩和黏土岩,但有时细粒沉积较发育。在砂和含砾砂岩中可见到不明显的平行层理,板状交错层理及冲刷冲填构造,粉砂岩和泥岩中可发育块状层理,水平层理及变形构造。这与前述寺沟组岩性特征和沉积构造特征基本一致,由此分析,寺沟组显示的是冲积扇的扇缘沉积环境,为冲积扇晚期辫状河沉积阶段产物(图 3-101)。

红寨子剖面	岩性与沉积构造	环境分析
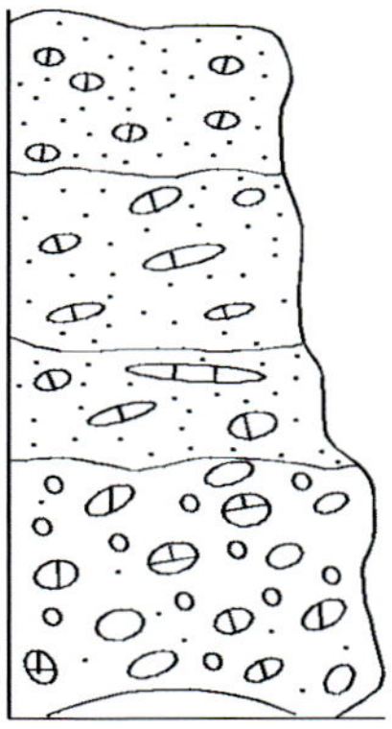	上部砖红色含泥沙细砂岩,含钙质结核;中部褐红色含钙质结核或条带细砂岩;下部灰褐色,灰白色钙质砾岩,砾石次圆状—圆状	扇缘(端)环境初期曲流河相沉积

图 3-101　寺沟组沉积环境分析

3.3.5　郧阳盆地构造环境分析

郧阳恐龙蛋化石群分布在秦岭造山带东段南部的郧阳断陷盆地内。郧阳盆地的形成,源于秦岭造山带晚期碰撞造山作用的应力调整伸展拉陷,在造山带中形成的山间断陷盆地。它与秦岭造山带南部此时间段内形成的一系列北西—南东向断陷盆地有异曲同工的特征,无论在形态、沉积特征、时间及其演化上均大同小异。与目前研究程度较高,均沉积有恐龙蛋化石的河南西峡盆地、淅川盆地、夏馆—高丘盆地、五里川盆地、李官桥盆地等基本相近似(图 3-102)。在湖北境内受两郧断裂控制,由西向东先后形成了郧西盆地、郧阳盆地、刁家店盆地(往东为河南省的李官桥盆地),并与南襄盆地汇合。这些盆地共同特点是形态上西窄东宽,南推北断(总体南盘上升,北盘下降),盆地中的沉积物主要来自靠近断裂北侧地势高的中新元古代地层分布区。

郧阳盆地形成的早期,受两郧断裂控制,在地貌上南缘地形比北边地形高且陡峻,北部多呈单面山,地形相对平缓,所以盆地中的沉积物最早来自南西面的中元古界的武当(岩)群,砾石以片岩砾为主(图 3-103),包括武当(岩)群中的变酸性火山岩、变基性火山岩、火山熔岩及变沉积岩。

由于相距物源供应区近,充填补偿性沉积速度快,沉积物搬运距离短、碎屑物和岩块均呈棱角状、次棱角状为主,加上炎热干旱的气候,地表径流的明显和短期冲(洪)积扇等短期沉积事件,所以在高沟组的沉积中,地层的横向追索和对比十分困难。

从马家村组沉积期开始,即晚白垩中期开始,郧阳盆地西南缘经过一段时期的隆起、抬升、剥蚀后,速度有所减缓,而北部盆缘抬升增强,这时,来自西南缘的物质已不占优势,而来自北部的物源成分开始大量增加,沉积物成分更为复杂,所以在居中的马家村组中的沉积物复杂，其成分来自南、西、东三个地区的物质。且这时盆地沉降充填达到了较为强盛时期，与高沟组对比，沉积物已不限于分布在盆地边缘，而是逐渐向盆地中央发育，在平面上形成分布范围在北缘狭窄和缺失，向中内逐渐发育的形态。

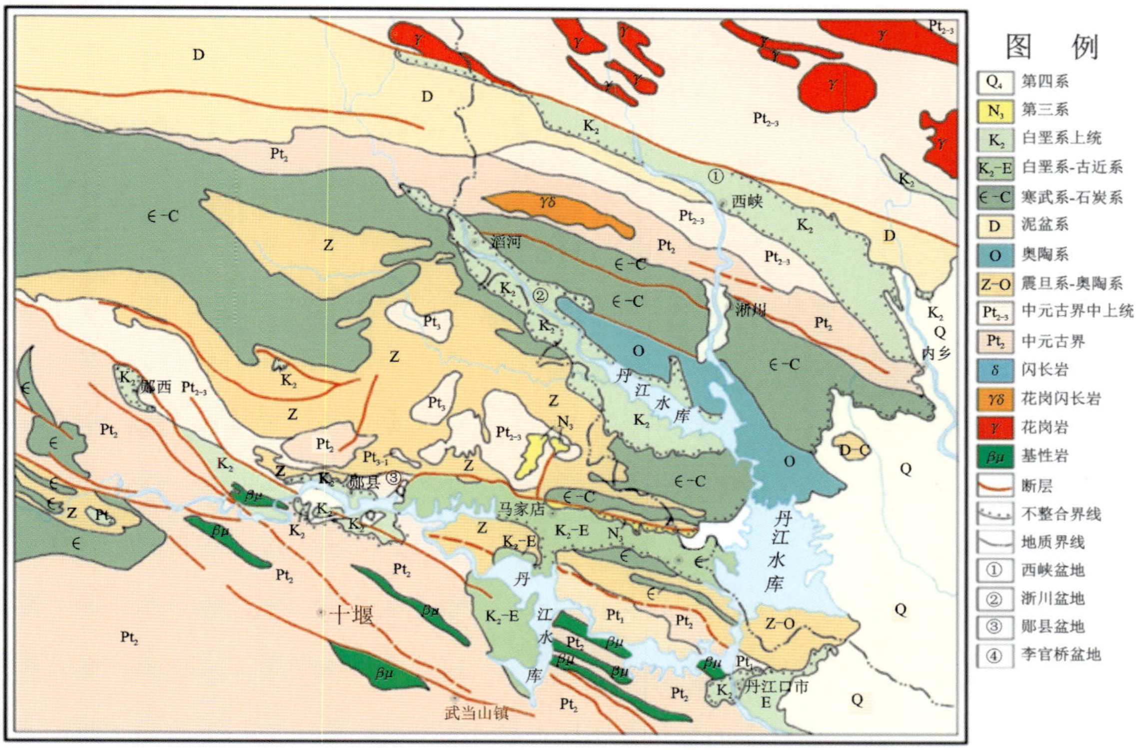

图 3-102　南秦岭东段白垩纪断陷盆地分布简图

晚白垩纪晚期，郧阳盆地北部抬升速率更加大于南部，到了寺沟组沉积期，沉积物源绝大部分来自北缘，从寺沟组沉积物与马家村组、高沟组沉积物成分的明显差异，可以清楚的划分出三个岩组的界线。在寺沟组的碎屑物中已少见南部武当岩群的碎屑物，取而代之的是来自北缘大面积分布的震旦系灯影组的灰岩和白云岩碎屑。地形差异加大，水动力速度增强，寺沟组中砾石大小悬殊，但磨圆度相对较好。与高沟组、马家村组相比，无论是物质成分、结构构造等特征都明显不同。构造抬升的差异造成沉积物供应改变给我们在划分郧阳盆地晚白垩世地层提供了有力的证据。可以肯定地说，目前将郧阳盆地内晚白垩世地层划分为高沟组、马家村组和寺沟组，其构造标志明显，岩性特征明显，结果可信，并可以与东秦岭南部断陷盆地晚白垩世地层（组级）划分及沉积时限阶段的界线进行对比，并成为构造抬升、物源区供应转换的一条界线。虽然其中的一些分析和解释还需要提供更多的证据，但在目前已使用过的研究手段及研究成果中，这种划分结果已最大限度地反映了晚白垩世郧阳盆地沉积物与区内物源、构造演化的密切关系，是郧阳盆地晚白垩纪沉积环境分析的有力证据。

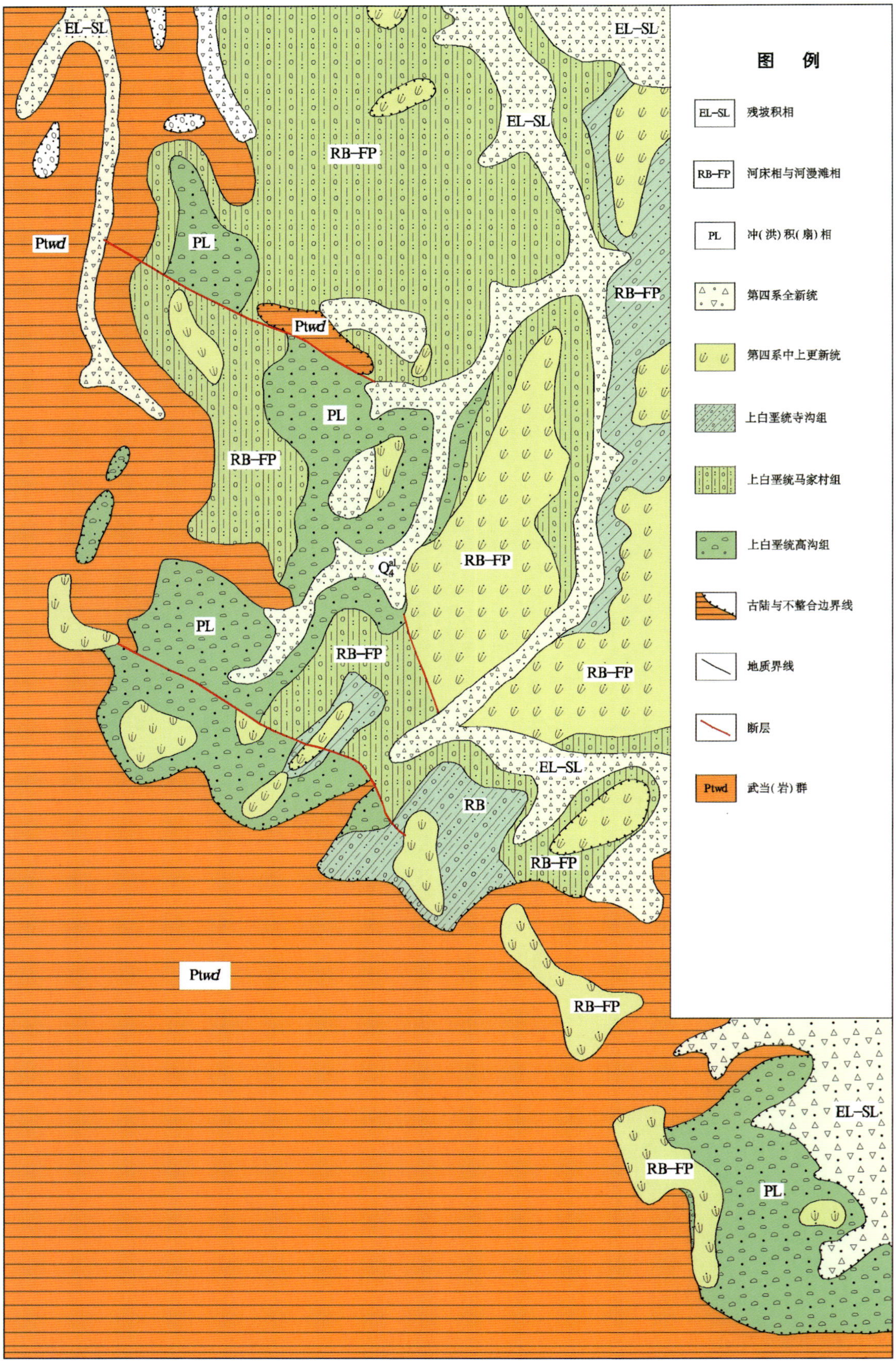

图 3-103　研究区上白垩统沉积岩相图

3.3.6　郧阳盆地水流体系发育环境分析

一个盆地水流体系、水流方向及其变化，主要受盆地形态、地势及沉降速率变化控制。郧阳盆地发育初期，伴随山体隆升、剥蚀加强，这时没有统一的或主要的河流形成。由于季节的山洪或山间径流冲刷，沿两郧断裂带出现少量间歇性短距离搬运的颗粒流角砾岩沉积，形成冲（洪）积扇扇体相互连接或叠加构成的冲积扇群，堆积于盆地边缘。现今在土庙岭、青龙山、红寨子、卧龙山等地看到的呈舌状分布粗碎屑物沉积体，就是看似各自独立，又基本相连，在盆地初期形成以泥石流为主的冲（洪）积扇群，它们呈花边状围绕在盆地边缘（图 3-104）。

图 3-104　盆地边缘单个呈舌状、联合体呈花边状分布的冲（洪）积扇

随着盆地的进一步沉降和盆缘的相对抬升，古水流样式改变成发散状。因物源侵蚀作用加强，物源区有大量松散碎屑供给，这时主要山洪（水流）出口方向发育了黏结性碎屑岩沉积。比如高沟组下部沉积的巨厚的砂砾层（图 3-105），砾岩底一般平整而较少显示出冲刷侵蚀的特征，砾岩分选差，含较多砂基，黏土含量少。由于水量的减少，冲（洪）积扇碎屑流不可能一直保持这种流态，在高沟组的上部就明显出现扇上小河道沉积，即中层含砾砂岩与中层砂岩、粉砂岩互层出现（图 3-106），岩层主要呈透镜状，分选差，砾石呈棱角状—次棱角状、次圆状，磨圆度相对较泥石流沉积好。水流作用也明显显示出来。并见小型交错

层理及冲淤构造。因沉积时正处于干旱-半干旱气候环境,氧化作用强烈,铁镁矿物中的铁质因氧化作用形成赤铁矿(Fe_2O_3),岩层均呈棕红色和紫红色。整个郧阳盆地内沉积物由下至上总体由粗变细,这是由于物源区逐渐被剥蚀削低,沉积物供给下降所致。

图 3-105　高沟组下部巨厚的砂砾层砾石分选差,含较多砂基

图 3-106　含砾砂岩与砂岩、粉砂岩互层出现

马家村组，主要由早期辫状河的交错河网水流体系的沉积物所构成。由于气候干旱，大气降水季节性强，水系均为暂时性径流，因此这种辫状河水系河道时常改变方向，砂砾石质沉积物相互叠置，或呈透镜状及楔状体，岩性横向变化大。

从寺沟组沉积开始，水流体系由早期辫状河向晚期辫状河转变并过渡到曲流河，这时的水流方向由原来的北西向进一步向北溯源延伸，物源以盆地北缘的震旦系灯影组碳酸盐岩为主，少量陡山沱组砂页岩成分，并在寺沟组早期底部形成厚层块状石灰质砾石层（显示物源为盆地北缘震旦系灯影组碳酸盐岩为主的物源特征）。在寺沟组的中晚期，沉积物由粗变细，河道的迁移和沉积物叠加，至寺沟组晚期，整个盆地的坡度减小，河流弯道开始变大，水流流速变缓，能量变低，分选性加强，细砂、粉砂不断增加，因此，在寺沟组顶部主要为细粒至粉砂沉积物。由于自更新世开始，郧阳盆地在新构造运动的影响下，抬升速度加快，剥蚀作用加强，郧阳盆地内保留的晚白垩世沉积物厚度总共只有 180 米左右，而大部分沉积物均被剥蚀并随水流搬运并移走。

郧阳盆地境内，测得的在上白垩统顶部的汉江第五级基座阶地海拔为 320 米，而邻近的现代汉江河床的高度大约 110 米，这说明自中更新世至现在全新世这一时段内，郧阳盆地内的晚白垩纪沉积物至少被剥去 200 米。故在现在的盆地边部未见到滨湖与湖相环境沉积物，而盆地中央现已被第四纪汉江冲击物覆盖，未能取得相应资料。

3.3.7　郧阳在晚白垩世时气候环境分析

众多的研究成果显示，白垩纪是地史中重要的炎热气候之一，晚白垩世是早白垩世古气候的延续、发展和演化的结果。对南秦岭地区晚白垩世断陷盆地、特别是盛产恐龙蛋化石的断陷盆地古气候的研究，尤为广泛。早在 1993 年，杨卫东等就对广东南雄白垩纪恐龙蛋壳碳氧同位素组成及环境意义做了研究，提出了白垩纪气温比现在高的论断。1994 年，王德有等首次报导了西峡盆地晚白垩世的古气候，认为西峡盆地晚白垩世的古气候属于亚热带干旱-半干旱气候。此后，张玉光等（2004）、宁晓波等（2008）也相继对西峡盆地晚白垩世的古气候进行了研究，此外还有许多学者从研究恐龙蛋化石沉积环境的角度出发，对晚白垩世恐龙蛋化石产地的古气候进行了分析和探讨。目前研究方法包括岩石地层学、生物地层学、古生物学、古地磁学、元素地球化学、同位素地球化学等多方面。虽然这些研究者应用的不是同一种方法，但目前这些研究成果都基本认为，东秦岭地区晚白垩世断陷盆地的古气候应为一种炎热干旱-半干旱的气候条件。

郧阳盆地与西峡盆地等东秦岭南部的断陷盆地同处相同的构造部位，处于南秦岭含恐龙蛋化石盆地群的最南部，与河南李官桥盆地几乎处于一同纬度带，是呈北西向断裂带中倒数第二个断陷盆地，距北西向滔河（淅川）盆地最近距离不足 50 千米。

尽管晚白垩世距今已经走过了 6500 万年以上的航程；因大陆漂移，它们已不太可能还停留在原来的地理位置上，但它们所处的构造位置，特别是断块位置并没有发生分离，就像一条漂在海上的船一样，不管船漂到哪里，只要船体没有破碎分离，船上所有的物件都在船上一样，所以，利用秦岭东段南部晚白垩世断陷盆地内下列岩石、地层、构造标志，也基本能证明晚白垩世郧阳盆地的古气候，同样是一种炎热干旱-半干旱条件。

（1）郧阳上白垩统地层均呈红色。研究资料表明，红色岩层是在干旱-半干旱炎热条件下形成的，是洪水期沉积物中含铁物质因水解释放出铁质，在枯水期因与自然氧结合生成赤铁矿（Fe_2O_3）而被“染红”的原因，故红色岩层一般代表炎热干旱-半干旱气候环境。郧阳盆地中的晚白垩世地层，均呈紫红、棕红、褐红色或浅红色，明显反映为一种干旱-半干旱强氧环境化。

（2）冲（洪）积扇沉积为主导。前已述及，晚白垩世期间，郧阳盆地内沉积物以粗碎屑物沉积为主，分选性差，成熟度差，高沟组下部主要为沿山麓边缘分布的泥石流沉积，是典型的冲积扇扇根的物质组分，这种山前冲（洪）积扇沉积与我国西北地区干旱-半干旱山麓现代冲洪积扇十分相似，也证实郧阳盆地在晚白垩世时是处于一种干旱-半干旱气候环境。

（3）除恐龙蛋化石外沉积物中未发现生物化石痕迹。郧阳盆地上白垩统沉积物中除恐龙蛋化石外，至今没有发现其他动植物化石及生物活动痕迹。这种沉积物中缺少植物沉积和生物痕迹的特征，是干旱-半干旱气候区内，因干燥炎热，植物不易生长，即使有极少量的植物碎片和碎根因氧气化强烈，也十分难以保存的证明。

（4）岩层中钙质结核及钙质团块分布广范。郧阳盆地上白垩统岩层中钙质结核和钙质团块发育，其中高沟组、寺沟组中胶结物均为方解石，证明盆地内晚白垩世是一种干旱-半干旱炎热强氧化的气候环境。因为只有这种气候条件下，氧逸度高，介质多呈碱性，在埋藏深度不大的范围内，上升水作用强烈，地表容易出现盐渍化，沉积物中才能大量出现以胶结物或结核形式出现的方解石（包括石膏等）。

据王德有等（2008）的研究成果，晚白垩纪时，东秦岭南部地区断陷盆地古气候均承袭了早白垩世炎热-干旱气候区的特征，并向更加干旱炎热的方向发展。高沟组（距今 9350—8700 万年）沉积时，恰与全球第二次降温事件后的回暖期相吻合，回暖升温均导致热带、亚热带干旱区向北迁移，故高沟组的古气候具有干旱气候北移的特征。马家村组[康尼亚克期中期—圣通期（距今 8700—8350 万年）]和寺沟组[坎潘期早—中期（距今 8350—7430 万年）]为全球升温期，此时的东秦岭南部均处于亚热带干旱-半干旱气候区的范围。郧阳盆地处于南秦岭核心部位，与西峡、滔河、李官桥等盆地处于同一大地构造部位，与李官桥盆地处于同一纬度线上，王德有的研究成果，也进一步证实了郧阳盆地在晚白垩世时，处于炎热干旱-半干旱的气候环境。

在研究古环境方面，国际上公认比较可靠的方法，是测定碳酸盐的氧和碳的稳定同位素组成。例如，根据某些碳酸盐介壳中所含的氧同位素（$^{18}O/^{16}O$）的比例，探讨中生代以来全世界海水温度的变化，已经获得了相当重要的成果。但是，利用这种成果探讨陆相的古环境，目前才刚刚开始。1970 年 Folinsbttdeng 等人，首先研究了一些鸟类、鳄类和恐龙蛋壳中的氧和碳的稳定同位素组成，认为这些同位素是和这些动物的生活环境例如食物、饮用水有密切关系的。因此研究它的稳定同位素，对查明这些动物生活的周围环境条件具有一定的意义。赵资奎等（1983）认为：当动物自然地饮用富含轻氧（^{16}O）的水时，例如高纬度的融雪水，则它们蛋壳的（碳酸盐）中的^{18}O 就相对亏损；反之，如果饮用重氧（^{18}O），则蛋壳中的^{18}O将相对地富集。在气温较高且又干燥的地区，水受气温和干燥气候的影响而蒸发，由于蒸发过程中同位素动力分馏作用，在水中气中将富集^{16}O，而在水源中剩下的母液将富集^{18}O。生活在该地区的动物饮用这些水源后，所产生蛋壳将富集^{18}O。研究证明：^{16}O与^{18}O的比值和当时环境的相对温度成反比。

为了论证上述研究成果在研究区的可对比价值，本次研究工作中，项目组在研究区分别采集了 5 枚蛋化石的蛋壳做样本，分别进行了氧（O）和碳（C）的稳定同位素测定（表 3-15），并与山东莱阳、河南西峡、广东南雄等地的恐龙蛋化石蛋壳的稳定同位素值进行了对比（表 3-16）。结果显示，山东莱阳、河南南阳、湖北郧阳恐龙蛋化石蛋壳的碳同位素基本按纬度的变化而变化，从北至南富集；而氧同位素相反，从山东莱阳、河南西峡、湖北郧阳、广东南雄，自北向南亏损。如依据赵资奎（1983）的研究成果分析，即氧同位素富集代表气候相对干燥；氧同位素相对亏损代表气候相对潮湿。那么，在晚白垩纪时，广东南雄地区的气候环境相对比湖北、河南、山东湿润；反过来，山东、河南、湖北的气候环境相对干燥，这一推论与现今我国的气候环境格局基本一致，只是炎热干燥的程度比现今可能还要高一些。

表 3-15　郧阳盆地恐龙蛋蛋壳（方解石）碳、氧稳定同位素组成

序号	送样号	样品名称	$\delta^{13}C_{PDB}$/‰	$\delta^{18}O_{PDB}$/‰
1	Q01	恐龙蛋壳（方解石）	-4.53	-7.23
2	Q02	恐龙蛋壳（方解石）	-4.87	-6.17
3	Q03	恐龙蛋壳（方解石）	-5.79	-5.06
4	Q04	恐龙蛋壳（方解石）	-4.05	-7.43
5	Q05	恐龙蛋壳（方解石）	-4.08	-7.33
6	Q06	恐龙蛋壳（方解石）	-5.03	-6.75

表 3-16　山东、河南、湖北、广东恐龙蛋化石碳、氧同位素组成

序号	$\delta^{13}C_{PDB}$/‰			$\delta^{18}O_{PDB}$/‰				样品成分
	山东莱阳	河南西峡	湖北郧阳	山东莱阳	河南西峡	湖北郧阳	广东南雄	
1	-7.45	-7.37	-4.53	-5.25	-5.15	-7.23	-7.36	样品中，标注上角标①的为灰岩，标注上角标②和③的为钙质结核，其余为恐龙蛋壳
2	-7.46	-6.80	-4.87	-5.16	-6.36	-6.17	-9.02	
3	-8.92	-6.32	-5.79	-4.78	-3.35	-5.06	-8.97①	
4	-10.33	-6.29	-4.05	-4.74	-5.76	-7.43	-8.43②	
5	-6.81	-5.28	-4.08	-7.94	-7.78	-7.33	-8.76③	
6	-6.85	-5.26	-5.03	-8.42	-7.65	-6.75	—	
平均	-7.97	-6.22	-4.73	-6.06	-6.03	-6.66	-8.51	

资料来源：山东莱阳资料据赵资奎等《山东莱阳恐龙蛋化石的氧、碳稳定同位素组成及其与古环境的关系》（1983）；河南西峡资料据王德有等《中国河南恐龙蛋和恐龙蛋化石》（2008）；广东南雄资料据杨卫东等《白垩纪红层碳酸盐岩和恐龙蛋壳碳、氧同位素组成及环境意义》（1993）。

3.3.8 郧阳盆地内的恐龙化石沉积环境

通过对郧阳盆地内晚白垩世(产恐龙蛋化石)地层岩性、岩相、古气候环境的分析及其与东秦岭地区晚白垩世断陷盆地沉积环境的对比,不难看出以下几点。

(1)郧阳盆地的形成,源于秦岭造山带晚期碰撞造山作用的应力调整,伸展拉陷,在造山带中形成的拉伸断陷盆地,它与秦岭造山带东段南部同时间段内形成的一系列北西—南东向断陷盆地有异曲同工的特征,在形态上呈长条形西窄东宽的箕状。

(2)郧阳盆地中上白垩统红色沉积物以及埋藏在其中的恐龙蛋,是在一种冲积扇相环境下沉积下来的。其中高沟组主要沿山麓边部分布,沉积物距物源区近,以粗碎屑为主,横向变化大,不稳定成分较多,分选差、杂基支撑,层理不发育,胶结物为方解石。大多数沉积是在自由氧流通的条件下生成,氧化作用强而呈红色,为冲积扇沉积中的泥石流沉积物,并组成冲积扇的扇根;马家村组以褐灰、浅褐红砾岩、砂砾岩、砂岩互层沉积,基底式胶结,砾石成分以石灰岩、变粒岩为主,胶结物为黏土矿物,呈次圆状—圆状、叠瓦状排列或扁平轴向平行排列,局部具冲刷现象和楔状交错层理,为冲积扇相的早期辫状河环境沉积物,并组成冲积扇的扇中。寺沟组为灰褐红色、浅紫红、紫红色砾岩、钙质砂岩、钙质细砂岩组成,含钙质结核和钙质团块,为一套从下至上由粗变细的正律向序沉积层,从盆地边缘往盆地中央沉积范围和沉积厚度逐渐增大增宽,见平行层理、楔状交错层理和冲刷充填构造,为冲积扇相的晚期辫状河沉积环境,为冲积扇的扇缘物质。

(3) 通过地质学、古生物学以及碳、氧稳定同位素组成的对比研究以及与西峡等豫西南地区晚白垩世断陷盆地古气候研究成果对比,郧阳断陷盆地的古气候特征与华南亚热带干旱气候区的特征基本一致,研究区晚白垩世的恐龙是在一种炎热、干旱-半干旱的气候环境生衍繁殖的。

(4)根据高沟组岩石的岩性特征及沉积环境,以及恐龙蛋化石成窝产出,蛋窝结构保持完整等特征综合分析,郧阳晚白垩世断陷盆地中的恐龙蛋化石,是在一种炎热干旱-半干旱气候条件下,在泥石流这种快速堆积环境中沉积并掩埋的。因为有了这种快速埋藏环境,才使得郧阳盆地内的恐龙蛋化石保存了较好的原始状态,且成窝大面积分布,并保存完整。

3.4 郧阳为什么有那么多恐龙在此繁衍生息?

据考察和研究,森林、草原、河湖和沼泽内及其岸边,是许多天上飞的鸟、昆虫,地上跑的各类动物都喜欢的生活环境,它们在这里繁衍后代。因为它们可以很容易在这些地方喝到水,找到它们喜欢吃的食物,如巨大的食植物的马门溪龙、梁龙等,食植物的鸭嘴龙、三角龙、甲龙、棱齿龙等,食杂食的似鸟龙、似鸵龙、窃蛋龙等,食肉的暴龙、霸王龙、重爪龙、伶盗龙等,几乎所有恐龙基本都生活在森林、草原或河湖岸边。

郧阳盆地是豫西南—鄂西北系列白垩纪断陷盆地之一,位于秦岭东段的南段。在中生代末期,这里处于东秦岭构造带上,因构造运动先后形成了沿北西至南东延伸的一系列断陷盆地。在大约 1 亿年的地质历史中,古生界基底上沉积了一套晚白垩世和古近纪—新近纪河湖相红色地层。同时,这些盆地也构成了大大小小的内陆湖泊与河流。科学家们经过研究指出:白垩纪时代,西峡属北亚热带向温带过渡部位,自然形成了背风、向阳的斜面。白垩纪时代郧阳正好处在多个白垩纪断陷盆地相连接的位置,森林、河流、湖泊、沼泽很多,气候温暖湿润、水源充足、森林密布、花草等植被丰茂,非常适宜恐龙的生存环境,自然引来了成群的恐龙到这里做窝、产蛋,繁衍生息。它们留下的遗迹,就是我们现在看到的这些和由大小不一、形态各异、稀密不均、成片分布的恐龙蛋窝和蛋化石。

第4篇
郧龙家园的今生
——保护、研究、发展与展望

4.1　郧阳恐龙蛋(恐龙)化石保护历程

4.1.1　青龙山恐龙蛋化石群早期保护工作

1995年3月,在郧县柳陂镇青龙山村发现了恐龙蛋化石群,紧接着,1997年7月又在该县梅铺镇李家沟村发现了恐龙化石,消息一经传出,附近及周边民众带着一种好奇心纷拥而至,顿时在郧县境内掀起了一股观光恐龙蛋热潮,同时也引起了郧县政府(现改名为十堰市郧阳区)的高度重视,以及有关科研单位的极大关注。而一些不法分子却抓住当时化石保护法律还不够健全的机会,利用了恐龙蛋化石的稀有性和神秘感,把贩卖恐龙蛋化石作为一种发财的机会,疯狂的盗挖和走私恐龙蛋化石,致使青龙山恐龙蛋化石的核心分布区外围部分及边缘地区的山体都被掏空了(图4-1),不仅珍贵的恐龙蛋化石被偷走,还加大了发生次生地质灾害的风险,生态环境的破坏。

图4-1　盗挖恐龙蛋化石留下的盗洞

为了尽快保护好这些珍贵的恐龙蛋化石,打击偷盗者,1995年5月,郧县政府将红寨子、青龙山恐龙蛋化石产地划定为县级地质遗迹保护单位;县文化、地矿等主管部门在青龙山腰设置了固定的保护、警示标识(图4-2)。在县财政经费比较困难的情况下,县长特批1.3万元,用于保护恐龙蛋化石群地质遗迹,并向十堰市、湖北省政府申请专款用于恐龙蛋化石群保护经费。

图 4-2　保护区设置的警示标牌

8 月，湖北省科委将郧县恐龙蛋化石群赋存状态、科学价值及其开发前景列入重点科研项目发展规划。9 月，县委、县政府连续制定和下发 5 个文件，成立了青龙山恐龙蛋化石群保护领导小组，发动群众就地参与保护。县委副书记李元生带领地矿、文化专业人员赶赴河南省西峡县考察，要求县地矿、文化主管部门参照西峡县保护恐龙蛋化石群的做法，印发了恐龙蛋化石保护规定。县公安、环保、工商等部门联合成立了保护恐龙蛋化石群巡逻队，依法惩处盗挖倒卖恐龙蛋化石的违法犯罪行为。郧县柳陂镇党委、政府将恐龙蛋化石群保护的责任落实到村，各村将责任落实到组、户和个人，并奖励保护工作有功单位和个人。9 月 20—23 日，地质矿产部领导和专家莅临郧县，实地考察了青龙山化石群，对郧县人民政府采取的一系列保护措施，特别是依靠群众、发动群众就地保护，坚持保护与科研同步进行，采用国际通行的保护方法给予充分肯定。地矿部地质环境司的田廷山处长说：“郧县建立的这个保护区是全国第一个县级地质遗迹保护区。”

1996 年 7 月 22 日，湖北省地矿厅向省政府呈报《省地矿厅关于在郧县青龙山恐龙蛋化石群产地建立省级地质遗迹自然保护区的请示》。1997 年 1 月，湖北省人民政府批准在青龙山建立省级地质遗迹自然保护区，依据有关法律法规，打击破坏、盗挖、走私恐龙蛋化石行为。一批违法盗挖、走私恐龙蛋化石的犯罪分子，被依法判处有期徒刑和行政处罚，疯狂盗挖、倒卖恐龙蛋化石的现象得到了一定的遏制。至 1997 年底，在省、市人民政府、省地矿厅支持下，郧县筹措资金近 100 万元，绘制了青龙山保护区规划图，在恐龙蛋化石群核心区建成了长 268 米，均高 2.7 米的封闭围墙（图 4-3），设置了保护标志碑、牌，录制了《红砂岩上的遗迹》等电视专题片，种植了 200 余棵名贵风景树，启动了保护区绿化工程。1998 年 12 月，县地矿局联合县公安局组成专门小组，在柳陂镇恐龙蛋化石群保护区依法开展打击盗挖倒卖恐龙蛋化石犯罪行动。2001 年 4 月，在国土资源部地质环境司姜建军司长带领下，中央电视台新闻部、科教部专题采访报道了青龙山恐龙蛋化石群保护、科研、开发利用情况，听取了县政府的汇报。5 月，由省政府编纂、湖北日报社主办的《空中看湖北》大型彩色画册编辑部对青龙山恐龙蛋保护区进行航拍。6 月，国务院批准郧县青龙山恐龙蛋化石群为国家级地质遗迹自然保护区，从此有了国家批准的管理机构，蛋化石的保护工作开始走上法制化、规范化保护进程。

图 4-3 核心保护区围墙和防风化棚

2002 年 7 月，柳陂镇贺某某因盗挖恐龙蛋化石被依法判处拘役 6 个月。2003 年 6 月，贺某某因盗挖恐龙蛋化石被行政拘留 1 个月。1996—2008 年，共依法处理盗挖倒卖恐龙蛋化石违法犯罪嫌疑人 26 人。其中，依法行政拘留 10 人，管制 4 人，判处有期徒刑 6 人。严重打击了盗挖倒卖恐龙蛋化石者的嚣张气焰。

为了保护青龙山这处珍贵的恐龙蛋化石群，从 2002 年开始，国土资源部（现自然资源部）和地方政府每年都投入一定的资金，对一些正在受到破坏的珍贵地质遗迹进行抢救性保护。2002 年，郧县青龙山恐龙蛋化石群就被列入了当年的地质遗迹保护项目，国土资源部下拨国家财政资金 90 万元，用于青龙山恐龙蛋化石保护的基础设施建设。保护项目从 2002 年初开始，至 10 月止，共完成保护基础设施建设工程 6 项，含恐龙蛋化石群自然保护区大门建设、恐龙蛋化石地层剖面长廊防风化棚建设、保护区行政管理用房建设、剖面长廊两侧截排水沟建设、核心区巡查步行便道建设和警示、科普等标牌（图 4-4）。2003 年 11 月，由国土资源部地质环境司组织在北京进行了项目验收，地质环境处田廷山处长对郧县青龙恐龙蛋化石的保护给与了充分肯定。至 2005 年，保护区基础设施常态化建设不断加强，保护手段和技术不断扩展。

4.1.2 逐步深入的科学研究与成果

郧阳恐龙蛋化石群被发现后，国土资源部科技司、湖北省科委、湖北省地矿厅及郧县政府等十分重视对青龙山恐龙蛋化石、梅铺李家沟恐龙化石的研究工作，从不同渠道筹集资金，支持上述化石的研究工作。1996 年 2 月，中国地质大学承担的《郧县恐龙蛋化石赋存状态、科学价值及其开发前景研究》项目，获湖北省科委批准立项，提交的《湖北省青龙山一带晚白垩世地层恐龙蛋化石及其地质遗迹保护初步研究报告》通过评审。1997 年 10 月，湖北生物学会、郧县地矿局在郧县联合召开了湖北古生物学会暨高分辨率地学研讨会，7 个省 60 多名专家、学者参会，并实地考察了青龙山恐龙蛋化石群等地质遗迹。1997 年，中国地质大学（武汉）周修高、任有福（1997）对青龙山恐龙蛋化石群做了初步研究，提交了《湖北省青龙山一带晚白垩世地层恐龙蛋化石及其地质遗迹保护初步研究报告》。

图 4-4　科普标牌

1997 年 7 月，郧县梅铺镇李家沟村在进行农田改造时无意中发现了恐龙化石，经湖北省地矿厅批准，湖北省地矿信息研究所组织地质专业技术人员，对发现恐龙化石产地开展了抢救性发掘，通过 3 年多的时间，对所采集的恐龙化石进行了精细修复、反复研究对比，基本确定了含化石地层的岩性、时代、化石类型，提交了研究报告《湖北省郧县梅铺镇晚白垩世恐龙化石的发掘与研究报告》（李正琪、杨道政、周修高等，2000），发表了《湖北省郧县梅铺镇晚白垩世地层中恐龙骨化石的分布、埋藏与分类特征》（李正琪，2001）。

2001—2003 年，湖北省地矿信息研究所（现湖北省地质科学研究院）对青龙山恐龙蛋化石群产蛋地层开展了 1∶10000 比例尺详细地质调查和研究，提交了《湖北青龙山晚白垩世恐龙蛋化石研究》报告（李正琪、胡光来、刁乃青、黄伟等，2004）。研究报告对产蛋地层进行了划分；对恐龙蛋化石进行了初步分类与描述；对恐龙蛋化石形成的地质条件、保存环境及其晚白垩世沉积盆地形成发展的古地理、古气候进行了较为详细的阐述；将青龙山恐龙蛋化石类型划分为5科、7属、11种；确定了产蛋化石地层为晚白垩世早期的高沟组及晚期的寺沟组，其中高沟组中一般有2~4个产蛋层，个别地区有6个产蛋层；蛋化石呈原始自然状态的窝状埋藏，基本未发生迁移和破坏；恐龙蛋化石是在一种炎热、干旱至半干旱气候条件下，在洪积扇环境下被快速埋藏沉积，并保存至今。上述科学研究成果，为编制青龙山自然保护区规划及区划提供了基础资料。

2010年湖北省地质科学研究所联合中国科学院古脊椎动物与古人类化石研究所对郧县青龙山恐龙蛋化石群做了详细研究；通过多种技术手段对含恐龙蛋化石地层进行了重新划分；对恐龙蛋化石做了系统分类；对恐龙蛋蛋壳的物质成分进行了化验和鉴定；对恐龙蛋化石的沉积环境进行了更加深入的研究，提交了《湖北郧县恐龙蛋化石群系统分类与沉积环境研究报告》（李正琪、张蜀康、朱文晶、徐鑫磊、刘述德等，2013）。研究报告提出：

（1）郧阳盆地的形成，源于秦岭造山带晚期碰撞造山作用的应力调整，伸展拉陷，在造山带中形成的拉伸断陷盆地，它与秦岭造山带东段南部同时间段内形成的一系列北西—南东向断陷盆地有异曲同工的特征，在形态上呈长条形西窄东宽的箕状。

（2）郧阳盆地中上白垩统红色沉积物以及埋藏在其中的恐龙蛋，是在一种洪积扇相环境下沉积下来的。

（3）郧阳断陷盆地的古气候特征与华南亚热带干旱气候区的特征基本一致，研究区晚白垩世的恐龙是在一种炎热、干旱-半干旱的气候环境下生衍繁殖的。

（4）郧阳晚白垩世断陷盆地中的恐龙蛋化石，是在一种炎热干旱-半干旱气候条件下，在泥石流这种快速堆积环境中沉积并掩埋的。因为有了这种快速埋藏环境，才使得郧阳盆地内的恐龙蛋化石保存了较好的原始状态，且成窝大面积分布，并至今保存完整。

报告重新将青龙山剖面长廊内的恐龙蛋化石划分为3科3属11种。

4.1.3 在保护中开发，在开发中保护，坚持科学利用恐龙、恐龙蛋化石资源

2005年郧县青龙山恐龙蛋化石群被国土资源部批准建立“湖北郧县恐龙蛋化石群国家地质公园”，依据“保护地质遗迹、普及地球科学知识、促进地方经济发展建设的地质公园宗旨”，各级政府对保护工作的支持力度不断提高，青龙山恐龙蛋化石群的保护工作面不断扩大，保护手段和技术不断提升，一系列的保护工程拔地而起，不仅恐龙蛋化石基本实现了有效保护，而且地质科学普及活动和地质旅游活动也逐步展开，把“在保护中开发，在开发中保护”的口号落实到了具体的实际行动中，在保护恐龙蛋化石地质遗迹的同时，加快了恐龙蛋化石资源的科学开发与利用。

2005年9月，湖北省、十堰市、郧县各级政府及相关省厅、市、县国土资源局都表示一定要建设好郧县恐龙蛋化石群国家地质公园，保护好以恐龙蛋化石群等为重点的地质遗迹，要通过精心打造地质公园品牌，提高郧县乃至整个鄂西北旅游的科学品位，促进郧县旅游的发展和带动整个郧县旅游经济实力的提升。在组织机构建设上成立了“郧县国家地质公园建设指挥部”，增加了“郧县国家地质公园管理局编制”，十堰市编制办正式下文确认为处

级事业单位，增加了管理局编制（管理人员由 9 人增加到 17 人），使地质公园的保护、开发建设与管理走上了有序化。同时，根据国土资源部的批复精神，地质公园管理局组织有关部门和专家重新修编了地质公园总体规划，编制了青龙山恐龙蛋化石园区控制性（详细）规划。遵照"严格保护、统一管理、合理开发、永续利用"和"量力而行，统筹兼顾"的原则，多方筹集资金，加大地质公园的开发与建设力度。2007 年 8 月，通过招商引资，郧县（现郧阳区）政府与香港华袞集团公司签订了联合开发青龙山恐龙蛋化石群资源协议，由华袞集团公司出资 500 万美元（约合 4000 万人民币），具体负责郧县恐龙蛋化石群国家地质公园青龙山园区的旅游资源开发建设与旅游经营管理业务。其后，国家财政又投入了一定资金，支持保护工程及基础设施建设，重点对青龙山园区旅游基础设施、及重点保护工程加快建设。至 2008 年 9 月底，完成了青龙山主题园区的地质公园新大门建设（图 4-5）、地质公园博物馆（图 4-6）（含土建、装修与布展）建设、主碑和副碑（图 4-7）的建设、博物馆前休闲科普广场建设（图 4-8）、地质公园管理局大楼建设（图 4-9）、停车场与综合服务区建设（图 4-10）、宣传册的编制等。至 2008 年 10 月，青龙山恐龙蛋化石园区一期主体工程、地质广场、郧阳地质博物馆、3D 影视厅等科普游览区均已建设完成（图 4-11）。其中，博物馆占地面积 1200 平方米。利用图片、文字、模型、实物标本、影视等形式，全面地向游客介绍地质公园内外地质景观的形成与演化、人文、生态资源遗产演变与传承历史，基本具备了开园接待旅游客人的条件。2008 年 10 月 26 日，郧县（现郧阳区）人民政府，在郧阳地质博物馆前隆重地举行了"郧县恐龙蛋化石群国家地质公园"揭碑开园仪式，国土资源部地质环境司姜建军司长及有关政府领导出席了揭碑仪式（图 4-12、图 4-13），正式拉开了郧阳恐龙蛋化石群、恐龙化石保护、科研、利用全面发展的序幕。

图 4-5　地质公园大门

图 4-6　地质公园博物馆

图 4-7　主碑与副碑

图 4-8　休闲科普广场

图 4-9　地质公园管理局大楼

图 4-10　停车场综合服务区

图 4-11　3D 影视厅

图 4-12　地质公园揭碑开园仪式

图 4-13　地质公园开园剪彩

4.2 在保护中发展，在发展中保护

4.2.1 保护郧阳青龙山恐龙蛋化石群的价值和意义

古生物化石是地质历史时期的生物遗体和遗迹形成的，是生命由简单到复杂、由低级到高级、由水生到陆生长期进化过来的。古生物化石为地球生命、生物阶段性发展提供了佐证。因为地球至今已有46亿年的发展历史，当地球发展到一定阶段，化学作用进化、进展到一定水平，生命才随之产生。最初生命大概是36亿年前出现，由于古老生命很难形成一般化石，以致难以取得可靠证据。地球上发现的最早的具有细胞的可靠化石形成于大约35亿年前，当时的生物还处于原核生物（细菌和蓝藻）阶段。通过对化石的研究，证明大约在27亿年前，生物发展才完成了由原核到真核的转变，进而由异养的细菌和自养的蓝藻组成的两极生态系统，逐渐进化为为菌类、植物、动物三级生态系统。这个生态系统是相互依赖、和谐发展的。菌类依靠植物生存，植物又依靠菌类的营养生长，动物是自然界的消费者，虽说没有动物，植物和菌类仍能存在，但是没有动物，生物界不可能像现代这样丰富多彩，而将长期停留在低级水平。所以，古生物化石作为大自然留下的宝贵遗产，对其进行保护具有举足轻重的重要意义。

（1）工业生产和日常生活使用的煤、石油和天然气实际就是一类古生物化石（故叫化石能源）。此外，化石对于寻找矿产资源意义重大，保护古生物化石就是为人类留存一把打开地下宝库的钥匙。

（2）古生物化石是重塑地球历史的最重要证据，对地球历史阶段的划分主要依据生物的发展演化历程。正因为不同地质历史阶段的化石面貌不同，于是有了冥古宙、元古宙、古生代、中生代和新生代等这样的地质时代概念。

（3）通过研究化石，人类能够了解地质历史时期的环境面貌，掌握地球环境演变的规律，预测地球环境未来演变的趋势。因此，如果将地球的历史比喻成一本史书，那么，古生物化石就是书中精彩的文字，保护古生物化石就是保留地球珍贵的史籍。

（4）古生物化石是不可多得的科普教材。用古生物化石进行科普宣传和教育，是使人们正确认识和了解地球上所有生物生存、发展、消亡规律的最好教材。通过对地质历史时期生命的坎坷演化历程的学习，人们能够更好地珍惜和保护当代绿色地球家园。

（5）古生物化石的保护和管理是带动地区经济发展，培育新的经济增长点的有效途径。一些形态美观的古生物化石可以制作成工艺品，具有极高的收藏和观赏价值。在目前方兴未艾的奇石市场中，古生物化石占有重要的地位。一些重要的古生物化石产地可作为旅游资源进行开发建设。因此，保护古生物化石就是保护大自然创造的艺术，保护人类的风景和财富。

（6）古生物化石是不可再生的自然资源，我国是古生物化石大国，千姿百态的化石不仅是我们的物质财富，而且是一笔巨大的精神财富，为我国赢得了荣誉和国际地位。在2000

年举办的当年世界 100 个重大发现评选中，我国有 3 个发现入选，全部为古生物化石。此外，近年中国人在国外顶级学术期刊（如《自然》《科学》等）上发表的文章中古生物学的文章占比例很大。可以说，我国的古生物学家在自然科学的奥运赛场上为祖国赢得了奖牌。因此，保护古生物化石就是保护国家的荣誉。

湖北郧阳青龙山恐龙蛋化石群是目前全球出露面积大、蛋化石分布密集，种类丰富、原始状态保持完整的恐龙蛋化石群自然遗产地。加强对郧阳青龙山恐龙蛋化石群国家级自然保护区恐龙蛋化石群的科学研究、有效地保护与科学发展，对深入推动郧阳青龙山恐龙蛋化石群课题研究的国际合作，提升研发成果的技术质量和在世界的影响力具有很大推动作用。同时，充分发挥恐龙蛋化石研究成果的科普价值向观赏价值的转化，发展以古生物化石为旅游产品的旅游活动，推动区域旅游经济发展，改善和提高当地居民生活水平和生态文明建设，促进当地“两型”社会建设，乡村振兴战略的推进、促进人与自然的和谐共处，在有效保护恐龙蛋化石群遗产的同时，实现经济的可持续发展。

4.2.2　探索自然保护区“在保护中发展，在发展中保护”的新思路

1.提高贺家沟恐龙蛋化石保护三号原位馆建设的科技含量

郧阳的恐龙生活在中生代，在晚白垩世绝灭，在白垩纪与古近纪过渡的时代，即全球第五次生物大灭绝的时代。对于恐龙灭绝原因，研究人员众说纷纭。诸如气候突变、细菌感染等等，但现在可以说这些都只是少数科学家的推断，大多数科学家公认的、真正让恐龙走向末日的是一颗直径 10 千米的巨大陨石撞击地球的结果。经研究确定，陨石的精确定年与地层中铱元素含量的骤升都与这次灭绝事件相吻合。据估计，这次陨石撞击产生了 4.2×10^{23} 焦耳的能量，相当于人造最强爆炸物“沙皇氢弹”的 200 万倍。这场撞击导致了全球都被笼罩在烟尘之下，阳光的隔绝让地球进入了漫长的寒冬，光合作用也因此被阻断，酸雨和气溶胶使生态环境变得恶劣。实时性的撞击冲击波、巨大海啸、强烈地震等冲击也瞬间灭绝了很多地球生物。经历这场浩劫之后，地球生态系统受到重创，植物灭绝率高达 90%，光合作用的停滞导致食物链最低端的崩塌，进而导致了整个生态金字塔的崩溃。这也是五大灭绝事件中距今最近的一次大灭绝。在这场灭绝事件中，大量知名物种消失，不仅是恐龙，还包括翼龙、鸟类、鱼龙、蛇颈龙、沧龙、菊石等占总数 70% 的物种灭绝。郧阳恐龙正好生活在这个年代，这里的恐龙和恐龙蛋化石中肯定隐藏了诸多恐龙灭绝时代的秘密。而三号馆不仅是全球最大的恐龙蛋化石保护馆，由于蛋化石在原地没有移动，仍然保存在地层中，也是最具研究价值的恐龙蛋化石保护馆。

据有关科学家的研究，贺家沟恐龙蛋化石三号保护馆为青龙山恐龙蛋化石产地中最大的原位展示馆，裸露蛋化石面积 5000 多平方米，埋藏的蛋化石有 100 多窝，恐龙蛋化石 5000 多枚，为目前全球地表保存面积最大的一片恐龙蛋化石，十分壮观耀眼。为保护好这处珍贵的世界级古生物化石遗产，“十二五”期间，在国土资源部（现自然资源部）大力支持下，国家财政和地方财政、加上有关企业合力出资共数千万元，开始了贺家沟恐龙蛋化石保

护原位馆(三号原位馆)建设,完成了贺家沟恐龙蛋化石原地展示园建园区旧房拆除、贺家沟恐龙蛋化石原地展示馆建馆区渣石清理、地面平整、贺家沟恐龙蛋化石保护原地展示馆1∶500地形测量与主体工程设计图制作。在“十二五”期间保护设施建设的基础上,为了完善贺家沟恐龙蛋化石保护原位馆建设,建成一处国际上唯一的、兼具化石保护与科研科考的的原位馆,“十三五”期间国家又投入3000多万元,助力完成原位馆的主体工程建设。

贺家沟三号馆围封保护主体工程建设,是本期保护项目中最大的重点建设工程,也是我国目前唯一建设的一处恐龙蛋化石原产地围封保护工程。围封主体工程建设方式根据不同的内容采取了不同的技术路线与工作方法。工程建设采取统一安排,分步实施的技术路线,根据不同的阶段任务,采用不同的技术方法,在“十二五”期间已完成的任务的基础上,在“十三五”期间完成了主体工程的土建、装饰、布展、环境整治等开发利用工程。总体建设包括4个方面内容。

(1)三号原位馆围封主体工程土建、内外装修;

(2)三号原位馆围封主体工程馆内布展及外部科普广场科普要素的安置;

(3)三号原位馆内外道路和水电贯通、消防及安保设施的部署与安装;

(4)三号原位馆内外环境整治与美化。

2.探索新技术、新思维的设计方案

三号原位馆主体工程由华中科技大学建筑与规划设计学院院长李宝峰教授设计,湖北省地质科学研究院教授级高级工程师李正琪规划了建馆红线边界。按照李宝峰教授的设计要求,围封建筑物上采用不规则开孔形成对恐龙蛋的隐喻,景观设计以椭圆为母体,暗示此处为恐龙蛋化石的埋藏地。技术路线与施工方案具体要求是:

(1)合理的平面布局,最大可能保护恐龙蛋化石围封保护主体工程建筑边界。由于围封工程内的恐龙蛋化石尚未剥露出来,没有具体的恐龙蛋位置信息,建筑红线边界具有很大的不确定性,设计中执行最不利条件的原则来确定围封主体工程的边界,在地质专家划定的恐龙蛋分布边界外,再推5米作为建筑的外墙位置,在建筑的外墙范围内,装修时不设计任何柱子或者其他落地结构,保证恐龙蛋分布范围内的地表在主体工程装修施工时不遭到破坏。

(2)主体工程建筑受力结构基础的科学布局。主体工程建筑受力结构基础设置在不含恐龙蛋化石的白垩纪红色砂岩上,经试验证明,该岩层结实坚硬,围封主体工程主要建在这种岩层分布区域内,既不会破坏恐龙蛋,又可以保障建筑基础的牢固(图4-14)。

(3)管理保护中心等其他配套服务建筑。管理保护中心等其他配套服务建筑的布局远离恐龙蛋分布的区域,或者确定恐龙蛋已被完全挖掘的区域外,这样布局无论从设计上还是实际的施工中都不会威胁或破坏暂时还未挖掘的恐龙蛋。

(4)尊重原始地形,因地制宜进行设计。恐龙蛋分布区域地形复杂,地形最大高差将近10米,坡度陡峭。设计完全不改变地形,不进行地形平整,按照原始地形进行建筑设计,根据地形高差来进行大跨度设计,保护地形,同时保证室内空间高度尺度合适。装修时同时在室内设置多标高多层次坡步道，以适应原始地形，保证最佳展览视野。

图 4-14　红色砂岩上的保护建筑

（5）多方案对比优化装修结构设计。由于建筑受力结构只能布置在恐龙蛋分布区域边界以外且需要保护原始地形不被破坏，因此即使是建筑的短向跨度也达 20～30 米，并且两侧地形高差 10 米，需要复杂的大跨度解决方案。在设计中，将进行折板式大跨度结构、混凝土大跨结构、张拉膜结构、网架结构、桁架结构等多种大跨度结构进行对比，并最终选定折板式大跨度结构、钢筋混凝土大跨度结构、张拉膜大跨度结构三种方案进行设计（图 4-15），再选择其中对恐龙蛋提供最佳保护的方案作为实施方案。

在大跨度结构设计中，预留将来可能的栈道悬挂点，并进行多种可能性的节点设计，以适应恐龙蛋的不同位置。

图 4-15　大跨度结构

（6）装配式工厂预制，减少现场施工破坏。恐龙蛋围封保护主体工程建筑的大跨度结构施工复杂，装修时为尽量减少现场施工量，设计中将大跨度结构的各个建筑构件标准化，用几种类型的杆件和节点就能拼装出复杂的结构。而建筑构件和节点的加工则完全在工厂进行，现场只做简单的拼装工作，避免了重型施工机械或者破坏较大的现场施工，降低了施工中对恐龙蛋破坏的可能性（图 4-16）。

图 4-16　装配式设计

（7）灵活的游览路线设计与栈道设计。围封主体建筑游览路线设计与一期地质恐龙蛋化石剖面长廊设计整合起来，形成一个完整的游线循环。

围封主体建筑内部游人通道采用悬挂式的栈道设计，悬挂起来的栈道完全不会破坏地表，也没有结构落到地面上，从而保护恐龙蛋不受栈道的直接破坏或者栈道施工中的破坏（图 4-17）。

栈道的施工在恐龙蛋位置完全确定后进行，初始时在结构上为栈道的各种可能性预留连接点，这样将来栈道就可以避开有恐龙蛋的位置，避免栈道影响恐龙蛋的展示。

还为栈道专门设计了特殊栏杆，以防止游客直接翻出栈道去触摸恐龙蛋。

（8）特殊的采光通风测量，创造良好室内环境。保护恐龙蛋遗迹对室内物理环境要求高，在采光设计中，完全避免南向的直射光进入室内，采用北向的漫射光对室内和恐龙蛋进行照明。同时，利用窗户和二次采光校正等对漫射光角度进行设计，避免光线垂直射到恐龙蛋上，而是采用侧光，这样就能充分展示恐龙蛋的体量，彰显恐龙蛋的魅力（图 4-18）。

通风设计中，建筑尽量采用自然通风，同时，利用烟囱效应、对流效应等风导向设计使室内通风自然柔和，利用设备过滤或改变过冷或者过热空气，使室内恒温和湿度适宜（图 4-19）。

（9）采用当地建筑材料，打造鲜明地域特征。建筑设计尽量采用当地建筑材料，节约成本，同时因为当地工匠对当地材料的施工技艺娴熟，降低施工过程中对恐龙蛋破坏的可能性。当地材料地域特征鲜明，跟当地出土的恐龙蛋风格上和谐统一，有利于烘托恐龙蛋展览的氛围，强调恐龙蛋化石这种特殊展品的珍贵性和科学价值。

(10)在原位馆与其他展馆之间的空白地带植树造林、栽花种草,建设绿色景观带。通过三年的建设,三号原位馆在 2015 年保质保量顺利完成,新颖的造型,受到国内外专家的高度评价与赞赏,成为鄂西北地区的一颗亮丽的明珠(图 4-20)。其主体工程设计获评多项国家级优秀奖(图 4-21)。

图 4-17　悬挂式栈道

图 4-18　室内采光设计

图 4-19　特殊的通风设计

图 4-20　三位一体的原位保护馆

图 4-21　主体工程设计获奖证书

3.融入地质文化元素,助力地方旅游经济振兴

郧阳青龙山自然保护区在建设贺家沟恐龙蛋化石保护三号原位馆的同时,对其他已建和在建的保护设施的建筑风格上也适当做了调整和提升,在坚守保护功能不降低的前提下,在不同的建筑体设计过程中融入了一些文化元素,拟提升场馆的观赏性和文化性,如把一号馆的外形设计为“菊石”的形态(图 4-22)。菊石是推算岩石年代、划分和对比地层最有效的标准化石,可划分出颇为精细的菊石带,例如在中生代的三叠纪、侏罗纪和白垩纪,每一个纪均可划分出 30 个以上的菊石带,平均每个菊石带的延续时限在 100 万 ~ 200 万年,在西欧古生代早石炭世晚期赛尔布霍夫期地层划分出 30 个菊石带,平均每个菊石带延续时限不超过 50 万年。而应用同位素和其他方法测定地层的绝对年龄,还远远不能达到这个精度;把二号馆建成一条阶梯状长廊的外形(图 4-23)。从下至上的阶梯状外形,寓意这是地球在形成发展长河中恐龙时代的一段行程,一级阶梯代表一个地层时代,从下至上,由老至新。这些精心设计的建筑,不仅有效保护了馆内的恐龙蛋化石,又新增了一处游人喜爱的新兴人文景观,通过导游的精彩解说还可以普及相关的地学知识;把三号馆的外形建成恐龙的形态(图 4-24),其布局告诉大家,此馆之下原来是亿万年前恐龙聚集的家园、繁衍生息的地方,现在是一个研究恐龙化石的基地,讲恐龙故事的地方。三座馆建在一起,把青龙山的岩石、地层、古生物联系在一起(图 4-25),就是青龙山的地质演化史。

图 4-22 形似菊石的(一号馆)保护工程

图 4-23 阶梯状保护工程(二号馆)

图 4-24　形似恐龙的(三号馆)

图 4-25　一、二、三号馆的布局(左上三号馆、左下二号馆、右下一号馆)

4.加快基础设施建设，充分发挥场馆资源在普及地质知识中的作用

郧阳地质博物馆至燕子崖科考路线长约 1.5 千米，保留有郧阳地区形成于大约距今 10 ~8 亿年前的中元古界最老的地层和岩石及最新的地层第四系全新统(开始于 12000 年至

10000 年前持续至今）的岩石，记录了距今近 10 亿年以来郧阳地区沧海桑田变迁的许多精彩故事。可以看到组成地球岩石圈的不同成因、不同色彩的三种岩石：岩浆岩、沉积岩和变质岩（图 4-26、图 4-27、图 4-28）。这是一条路线不长、坡度不大、道路宽阔、遗迹内容丰富、化石数量大、地质故事引人入胜、老少皆宜的探讨地球奥秘的科考科普路线。目前已开始打通交通瓶颈，便于科研科普、研学活动、资源保护的顺利开展。

图 4-26　辉长岩（岩浆岩）

图 4-27　河口砂岩（沉积岩）

图 4-28　绿片岩（变质岩）

同时，尽快完善郧阳地质博物馆（基础地质馆）；一号化石原位保护馆（研学体验馆）；二号化石原位保护馆（含蛋化石地层、岩石研究考察馆）；三号化石原位保护馆（专家蛋化石研究、观众沿架空栈道欣赏蛋化石馆）；土庙岭至红寨子晚白垩世地层科考及科普路线解说词创作及讲解员选拔与培养。提升科普旅游的知识性、趣味性、故事性，充分发挥自然科普场馆资源在普及地质知识中的作用，为鄂西北地区旅游增砖添瓦，打造新的高质量的旅游品牌，推动边远山区旅游事业的快速发展。

5.加大宣传力度，让郧阳恐龙化石、恐龙蛋化石的研究成果走向世界

郧阳恐龙蛋化石分布面积大，蛋化石种类多、密度高、含化石地层层序清晰、蛋窝原始结构保存完整，已不断引起化石专家及化石爱好者的普遍关注。因此，推动郧阳青龙山恐龙蛋化石群课题研究的国际合作，通过高规格的国际研讨会提升研发成果的技术质量，扩大郧阳恐龙化石在全球科技界的影响力。同时充分发挥恐龙蛋化石研究成果的科普价值与文化价值，创新发展以古生物化石为旅游产品的旅游活动，推动区域旅游经济发展，促进郧阳“两型”社会建设，乡村振兴战略的推进，促进人与自然的和谐共处，在有效保护恐龙蛋化石群遗产的同时，加速旅游经济的可持续发展。

2019 年 8 月，由中国科学院古脊椎动物与古人类研究所、湖北省十堰市郧阳区政府联合主办的“第七届恐龙蛋与恐龙幼体国际学术研讨会暨郧阳恐龙专题研讨会”在郧阳召开（图 4-29），吸引了国内外 40 多名从事古生物化石研究专家、学者，以及许多化石爱好者参加（图 4-30、图 4-31、图 4-32）。与会的国内外来宾、专家通过会议上交流，实地考察（图 4-33、图 4-34），一致认为十堰市郧阳区青龙山恐龙蛋化石群，是目前全球保存面积最大、恐龙蛋化石保存最完整的化石群，具有重要的科学研究价值和科考、科普观光价值。特别是一些国外专家看了一遍又一遍，并表示了愿意合作开展研究的意愿（图 4-35）。会议不仅打出了郧阳具有世界上保留面积最大恐龙蛋化石群的牌子，扩大了郧阳在世界的影响力和知名度，而且为今后参与国际恐龙化石合作研究打开了大门，架起了桥梁。

图 4-29　第七届恐龙蛋与恐龙幼体国际学术研讨会现场

图 4-30　中国科学院院士徐星在研讨会上发言

图 4-31　野外现场考察

图 4-32　室内参观

图 4-33　现场交流

图 4-34　参加研究中心签约仪式的代表合影

6.研学营地建设与活动

（1）营地建设。“青龙山恐龙蛋化石群”自1995年初发现以来，一直受到各级政府的高度重视，在6年的时间里依次建立县级、市级、省级和国家级自然保护区，并于2005年正式建立“湖北青龙山恐龙蛋化石群国家地质公园”。

公园建立后，先后成为湖北省唯一的古生物化石遗址公园，重要的古生物化石产地（2015年）、国家级自然保护区（2001年）、国家级地质公园（2005年）、国家4A级旅游区（2021年）、全国科普教育基地（2010年）、国土资源科普基地（2011年）、湖北省科普教育基地（2009年），也是中小学生科普教育的重要场所，于2018年授牌湖北省中小学生研学实践教育基地和全国中小学生研学实践教育基地，2022年授牌湖北省中小学生研学实践教育营地（图4-35）。

图4-35　已建成的研学实践教育营地

（2）研学知识体系建设。营地在研学课程体系的开发中，以郧阳地质博物馆、恐龙蛋化石原位展示馆和含恐龙蛋化石地层剖面长廊三大板块为依托，构建了科学的研学体系：研学课程围绕“地球、古生物和人类”展开，内容涵盖古生物学、矿物岩石学、地史学、地层学、大地构造学等科学知识，依据学生年龄段的不同，在内容上有差别的逐步深入。把上述知识穿插在各个研学活动中，通过已编写的研学手册，可以帮助学生系统学习相关知识。

（3）打造以“恐龙”为主题的特色课程。营地在研学课程的开发中，结合园区内丰富的恐龙蛋和恐龙骨骼化石资源，开发了一系列以恐龙为主题的特色课程。这些课程围绕恐龙讲述地球、地质和环境的相关知识，插入以恐龙为背景的小故事或小游戏，使课程不乏科学性和趣味性。例如在“小小考古家”课程中，让学生们分组模拟恐龙骨骼化石的挖掘、修复、骨骼架组装等活动，除了让他们初步认识一些恐龙的骨架结构外，又让他们在研学过程中收获快乐（图 4-36）。

图 4-36 恐龙知识研学课程

（4）现代展陈技术与网络科普相融。以博物馆馆藏和特色科技馆为宣传手段，以图片、文字和解说等开展经常性的地质、地层和古生物科普教育（年接待观众 30 万人次以上）。充分利用“世界地球日”“国土日”“中国旅游日”“文化和自然遗产日”科普宣传周等地质科普品牌，运用地质公园微信公众号和自媒体账号开展科普活动宣传外，还开设了咨询服务热线，及时解答公众提出的地质科普问题。同时采用走出去，请进来的形式，开展纪念活动，地质科普讲座等科普活动，三年来已有上万人次观众参加。

（5）加强研学场馆和研学营地建设。郧阳地质博物馆馆内分为九个展厅：序厅、地球厅、恐龙厅、远古场景复原厅、地震厅、哺乳动物厅、湖北古生物化石展厅、绿松石及矿物标本展厅、史前部落展厅。展出内容包括湖北郧阳区梅铺镇李家沟出土的湖北郧县龙、巴克龙等 7 具恐龙化石骨架；形态独特、国内仅有 2~3 具的鼻子上长角的库班猪化石骨架；下巴像铲子的铲齿象化石骨架；以及剑齿虎、犀牛等动物的头骨化石。

（6）恐龙蛋化石原位展示馆建设。恐龙蛋化石原位展示馆，是目前国内外唯一以原地恐龙蛋化石为展示对象的自然博物馆，建筑面积 5000 多平方米展示馆总体采用钢结构，外形看似为一只抬头摆尾的恐龙，神态悠闲，栩栩如生，已经成为了当地的一处地标建筑。该馆建筑荣获 2016 年全球十佳公共建筑奖。

馆内共有蛋窝 200 多窝，蛋化石 7000 千余枚，化石类型 10 多种。蛋窝大小不一，形态各异（图 4-37）。单个蛋化石长径达 20 余厘米，小的长径小于 10 厘米，，让人眼花缭乱。特别是 2022 年在 1 号馆新发掘修复的 3 枚结晶蛋化石，更是让人眼前一亮。遗址 1 到 3 号馆是开展恐龙蛋化石科研、教学、科普与观赏的最佳场所。

图 4-37　密集分布的恐龙蛋化石

(7)恐龙蛋化石剖面长廊建设。恐龙蛋化石剖面长廊长 100 米,面积达 1300 $米^2$,共保存了上下 6 个层位的恐龙蛋化石,可供观赏到的恐龙蛋化石有 1000 余枚,一窝 97 个恐龙蛋的世界奇观就保存在这个长廊的中部,是国内外唯一可以原地大面积欣赏恐龙蛋化石的胜地,在这里你可以尽情饱览恐龙蛋化石的风采。

剖面长廊保护建筑工程设计科学新颖,造型独特,建筑工程内采用了自然通风,以天窗引入有限的漫射光对蛋群进行局部照明,以突出蛋化石的立体感;精心设计了架空栈桥高度和宽度,参观者不仅可以看到长廊内不同类型、不同大小和不同结构、不同形态的蛋窝和蛋化石、不同产蛋地层的变化,还可以近距离体验和感受蛋化石的神奇和奥妙(图 4-38)。

图 4-38　恐龙蛋化石剖面长廊远眺

(8)农耕园建设。研学基地设计在山间盆地内,最高海拔 550 米,最低海拔 100 米,气候温和,四季分明,属北亚热带大陆性季风气候,平均气温 16℃,无霜期 204 天;年降水量 820 毫米,土壤以泥质岩黄棕壤为主,土壤质地好,土层深厚,养分含量高,土壤呈中性,为农业生产提供有利条件。基地农耕园内拥有蔬菜种植耕地 6.67 公顷,先后引进在全国先进的优质、高产、高效新品种七彩椒、樱桃西红柿、栅桃萝卜、生菜等 20 多个品种;各类果树种植面积 14.67 公顷,其中柑橘 6.67 公顷,桃、李、杏、枣等共计 8 公顷,学生在此学习体验农耕文化,开展劳动教育课程。体验"锄禾日当午,汗滴禾下土"的含义,领略"谁知盘中餐、粒粒皆辛苦"的真谛。在这里既能传承祖先的文化遗产,同时也引导教育学生珍惜我们今天的幸福生活。

月亮湖生态农业庄园是省级休闲农业示范点,位于郧阳区柳陂镇亮子湾村,以"花好月圆 · 福寿康宁"为主题,以"生态、休闲、智慧、健康、民生"为主旨,打造集科普展示、科技培训、种苗繁育、种植与加工、采摘与品尝、休闲娱乐、观光旅游于一体的综合性现代化农业科技型园区,占地 133.33 公顷,是集旅游观光、农家美食、果蔬采摘、花卉观赏、民俗娱乐、农耕体验、科普展示和劳动教育为一体的综合性生态农业观光园(图 4-39)。

图 4-39　月亮湖生态农业庄园

(9)研学营地食宿场所建设。营地研学设施配备完善,拥有各类研学课堂及专业安全的研学场地,拥有可同时容纳 1000 人用餐的"恐龙餐厅"(图 4-40),300 个床位的宿舍楼以及可供户外露营场地 3000 平方米,配备有专业的研学导师、管理员、安保员及医护人员。营地现有在岗管理人员 5 名、专业研学导师人员 20 名,教官 20 名,志愿者 50 名,其他人员

24 名。秉持“知行合一,寓教于乐”的研学宗旨,力争早日建设成为全国中小学生研学实践基地。

图 4-40　具有恐龙色彩的餐厅

(10)丰富多彩的研学活动。研学营地自 2018 年至今先后组织多场次多主题科普教育活动,例如:“第十三届全国高校地理学基地联合实习”“保护恐龙地质遗迹,争做地球环保小卫士”“穿越白垩纪,探秘龙之源”“第 53 个世界地球日:珍爱地球,人与自然和谐共生”“南水北调,饮水思源,做水源地环保小卫士”“探秘恐龙世界,争做小小达尔文”“放飞自我,亲近自然”“野外大课堂,伴我成长”“保护地质遗迹,我是小小讲解员”等精彩纷呈的主题研学活动,累计接待大中小学生约 27 万人次。第十三届全国高校地理学基地联合实习活动。在本次活动中,实习队员纷纷表示,青龙山恐龙蛋化石群数量与规模令人震惊,其分布集中、保存完整、埋藏浅等特性为研究生命进化、地质变迁等提供了资料与证据。通过今天的实习活动,大家对白垩纪地质背景和沉积环境有了全面系统的了解。第十三届全国高校地理学基地联合实习活动也象征着基地的研学旅行无论是形式还是规模上都在不断地更新扩大(图 4-41)。

保护恐龙地质遗迹,争做地球环保小卫士研学活动。通过本次研学主题活动让学生走进郧阳地质博物馆、恐龙蛋遗址公园、汉江生态经济带。了解地球演变历史、水源区生物多样性及当地居民的生产生活,提高学生科学素养,认识生态环境与人类关心的重要性。最终达到保护生物多样性,促进社会和谐进步。同时,也达到在化石保护和自然资源与环境科学领域前沿培养和承担创新研究和管理的科学技术人才(图 4-42)。

图 4-41　第十三届全国高校地理学基地联合实习活动

图 4-42　保护恐龙地质遗迹,争做地球环保小卫士研学活动

南水北调,饮水思源,做水源地环保小卫士活动。南水北调工程是为了解决北方缺水,增加水资源承载能力,提高资源的配置效率;使中国北方地区逐步成为水资源配置合理、水环境良好的节水、防污型社会;有利于缓解水资源短缺对北方地区城市化发展的制约,促进当地城市化进程;改善黄淮海地区的生态环境状况。开展南水北调工程研学活动能够使年轻一代了解到这一项伟大的工程,并且能够实际参与这项工程中去,提高年轻一代特别是中小学生对水源地生态环境保护的认知(图 4-43)。

图 4-43　南水北调，饮水思源，做水源地环保小卫士活动

探秘恐龙世界，争做小小达尔文研学活动。本次研学活动依托青龙山国家地质公园恐龙蛋化石群遗址及郧阳国家地质公园博物馆等资源，能够为学生提供活动目的明确，生动有趣、动手实践内容丰富的研学体验。

通过参观和倾听关于古地质、古生物、古环境的知识介绍，让学生了解郧阳古生物演变历程和古人类的活动，汉江中上游历史文化变迁及地球生物的进化，激发学生对探索生命的起源、恐龙奥秘的兴趣，培养学生保护自然、爱护环境的意识及热爱家乡的情感。

4.3　新郧龙家园的巨变

自 1995 年 5 月，湖北省十堰市郧县(今郧阳区)柳陂镇青龙山上的“石蛋”被确定是恐龙蛋化石时开始，这个恐龙的故乡、繁衍生息的家园很快就传遍了四面八方，这个昔日默默无闻的小乡村，一下子上了新闻和报纸的头条，轰动了国内外。20 多年过去后，基于当地政府的高度重视，国家财政的有力支持、当地老百姓的坚守，恐龙化石和恐龙蛋化石得到了有效保护，使之成为目前国内外保存最完整、面积最大的一处恐龙蛋化石产地，国内恐龙蛋化石科研、科普、研学、教学、实习的重要基地(图 4-44、图 4-45)，观赏恐龙化石和蛋化石的旅游地。也引起了国际上许多古生物专家的关注，促成了第七届恐龙蛋与恐龙幼体国际学术研讨会暨郧阳恐龙专题研讨会在郧阳召开，这是中华人民共和国成立以来在郧阳召开的第一次国际学术会议，为郧阳走出国门迈出了第一步。它改变了人们对郧阳的认识，看到了郧阳快速发展的曙光。

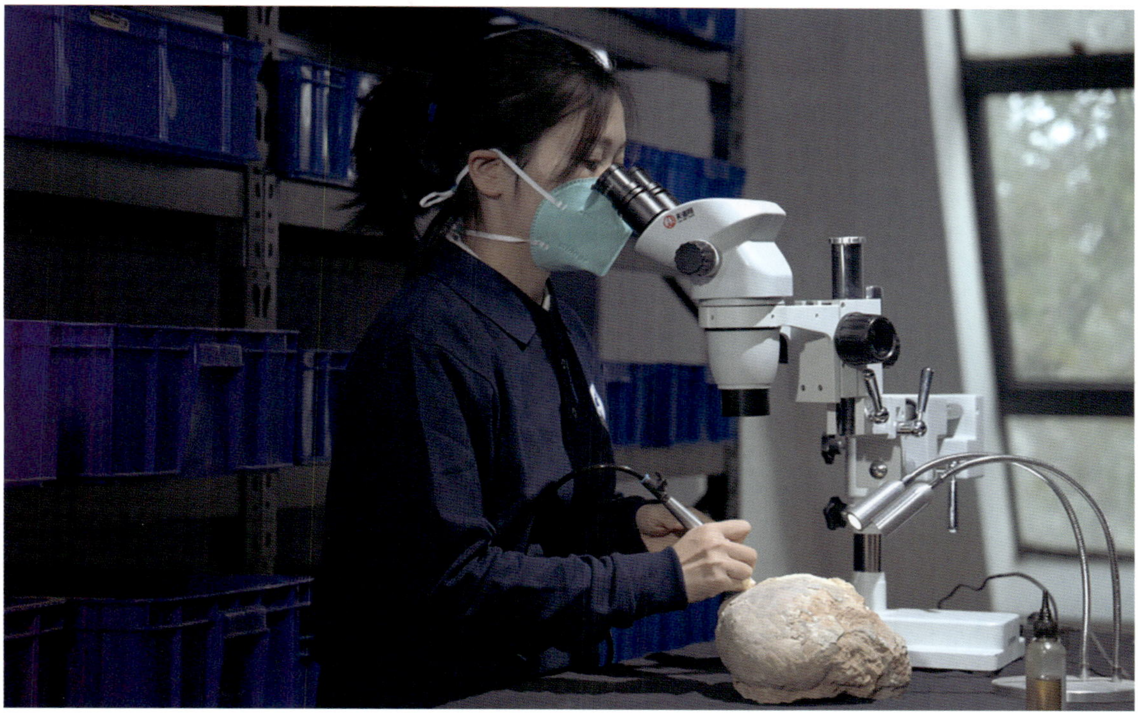

图 4-44　科研人员在室内修复恐龙蛋化石

图 4-45　科研人员在户外修复恐龙蛋化石

青龙山恐龙蛋化石群未发现前，青龙山村还是一个非常贫穷的村庄，由于当地缺少燃料资源，红土地上面的树木和杂草基本被村民砍伐殆尽，运回家中当柴火烧了，以致红土地上光秃秃一片荒凉，基本上看不到树木，甚至连草都不长。加上含化石地层岩性是一种隔水层,雨水不能往下渗透,土壤储不住水,致使水土流失严重,所种庄稼长期缺水,收成有限,粮食自给都有困难,村民日子过得比较艰难。虽然经过改革开放多年的建设,但一直还是个贫困村,村民生活条件没有多大改善,安居环境十分简陋。

青龙山恐龙蛋化石群发现后,青龙山恐龙蛋化石群这张名片,一下子在国内外传开了,为保护和利用好这一珍贵地质遗迹,国家、地方政府多次投入资金,支持恐龙蛋化石的保护与基础设施建设。此外,还有一些社会力量也加入了支援队伍之中。有了建设资金,青龙山化石保护工程建设就有了保证;有了建设资金,进入青龙山的道路就可以打通了,青龙山的环境保护工作就可以开展了,科普场馆、科考、研学路线建设也可以开工了,至 2020 年底,青龙山恐龙蛋化石群的保护与推广得到快速提升,主要成果有以下几点。

4.3.1 三大围封保护工程如期完工

三大围封保护工程建立在青龙山核心保护区,分别命名为一号、二号、三号恐龙蛋化石原位保护(展示)馆。三馆建设的顺利竣工,不仅使核心区蛋化石得到了永久有效保护,还为科研、科考、科普提供了考察、教学基地、一个亮眼的旅游胜地。推动了郧阳科研、科普、旅游的顺势发展。

4.3.2 生态环境得到很大改善

生态环境是关系党的使命宗旨的重大政治问题,也是关系民生的重大社会问题。习近平总书记指出:“经济发展不能以破坏生态为代价,生态本身就是经济,保护生态就是发展生产力。”这一重要论述,深刻揭示了生态环境保护与经济发展的辩证关系。统筹推进生态环境保护和经济发展,重在树牢“绿水青山就是金山银山”的理念,在发展中保护、在保护中发展,推动形成绿色发展方式和生活方式,把生态效益更好转化为经济效益、社会效益。从青龙山恐龙蛋化石群发现后,随着化石保护工作的不断推进,化石群分布区的生态环境修复与治理也不断加强,植树造林面积年年都有扩大,青龙山上 20 年前光秃秃的红土地,现在已经变为绿绿葱葱的绿地和果园(图 4-46),以前公路两侧的小树苗,已长成参天的林荫带。汉江两岸一年四季鸟语花香(图 4-47)。

4.3.3 地质科学普及工作发展势头良好

地质博物馆、影视厅及地质剖面科普长廊的建设,促进了地质科普工作的良性发展;传播恐龙知识和地质知识的渠道不断拓宽,科普工作正在有组织、有计划的进行。受众人数从五年前的零人次,上升到 2012 年底的 30 万人次,已成为鄂西北地区重要国土资源科普基地,全国科普、研学基地。2020 年,中国科学院古脊椎动物与古人类研究所、湖北省地质科学研究院与湖北青龙山恐龙蛋化石群国家级自然保护区管理局联合成立了“中国郧阳恐龙蛋化石研究中心”,拟定深化对郧阳恐龙繁衍生态学与郧阳晚白垩纪构造盆地的形成、发展与演化关系的研究,为在青龙山恐龙蛋化石群开展研学旅行活动,秉承“创新、协调、绿色、开放、共享"的发展理念，通过研学活动，促进青少年培养和践行社会主义核心价值观，推动全面实施素质教育创新人才培养，引导学生主动适应社会，促进书本知识和生活经验高度融合，探讨综合实践的有效途径。

图 4-46　青龙山上绿树成荫

图 4-47　汉江两岸鸟语花香

4.3.4　带动了郧阳旅游经济的发展

恐龙蛋化石的保护，使得恐龙蛋的科学开发利用有了一个好的资源基础和品牌，经济效益初见成效。至2012年,以恐龙蛋化石命名的湖北郧县恐龙蛋化石群国家地质公园门票收入已达到400万元,旅游综合收益达到4770万元。地质公园由5年前的零收入达到上千万元,经济收入实现了一个较大的跨越,同时为当地居民提供了近百个就业岗位,整体带动了郧阳旅游经济的发展和生态环境的改善。20年前居住在光秃秃山坡上(曾被称为鸟都不拉屎的地方)的居民收入逐年增长,以前的土坯房都已经换成了砖瓦房(图4-48),以前坑坑洼洼的小路换成了柏油路,当地居民生活发生了巨大变化,当地乡村振兴建设开展得红红火火,步步登高。

图4-48　村民新居

4.3.5　新时代的展望

新时代更要坚定"绿水青山就是金山银山"的理念,坚持"山水林田湖草"一体化保护和系统治理。进一步秉承"山水林田湖草是一个生命共同体",在恐龙蛋化石保护区内及外围开展各类生态系统一体化保护和修复工程,促进保护区自然生态系统质量的整体改善。在"十四五"期间内,规划加大保护区内汉江水系生态环境的保护与修复,以独特的水生环境为主题,将整个区域分为不同的板块,如河湾、小溪、湿地、梯田和镜面池。将每个板块不同种类的地貌和植物,包括竹子、开花树木、高山树木、草类、蕨类植物和花卉等整个场地打造为被保护动物和被保护昆虫的栖息地。结合场地内丰富的动植物资源,把岩石、矿石和恐龙化石贯穿其中,打造成不间断的室内外展陈和教育场景。这些独特的微环境将与水路和镜面水池交织在一起,使整个景观映射出复杂的当地地貌和历经时间洗礼的生物多样性。响应郧阳恐龙文化和地域文化的相互融合发展,把汉江之滨独具特色的"山水林田湖草”景观建成鄂西北全域旅游示范基地(图 4-49),助力南水北调工程源头的乡村振兴和加速发展。真正把绿水青山建成金山银山。

图 4-49　郧阳汉江之滨

参考文献

[1] 湖北省区域地质测量队.湖北省古生物图册[M].武汉:湖北科学技术出版社,1984.

[2] 湖北省地质矿产局.湖北省区域地质志[M].北京:地质出版社,1990.

[3] 李正琪.湖北省郧县梅铺镇晚白垩世地层中恐龙骨骼化石的分布、埋藏与分类特征[J].武汉:湖北地矿,2001.

[4] 王德有.中国河南恐龙蛋和恐龙化石[M].北京:地质出版社,2008.

[5] 湖北省自然资源厅.湖北化石[M].武汉:湖北科学技术出版社,2021.

[6] 易洲.恐龙百科[M].北京:中国华侨出版社,2013.

致　谢

《郧阳恐龙家园的前世今生》一书，记录了在“恐龙时代”末期（距今1亿—0.65亿年）郧阳所在地的地质演化过程，地球上生命进化过程、环境变化以及天文变化过程，揭示了“恐龙时代”在郧阳地区发生的一起重要的地质历史事件，留下的地质遗迹，反映了当时一次重大的地质作用过程与生态环境演化过程，具有重要的科学研究价值。同时，通过发掘和展示这一地质遗迹的科学内涵和美学价值，不仅可以发展以科学为主线的旅游活动，为旅游者传递科学知识，满足他们对科学的追求和探索，而且融历史文化、自然生态于一体的全过程。通过一系列的创新建设和打造，既能保护恐龙化石遗迹、普及科学知识、开展科学旅游创新，又能带动和促进当地旅游业的繁荣和可持续发展。加深对地球、对大自然的科学认知，使人们知其然，也知其所以然。

本书编写和出版是一项公益性工作，本书编辑出版之前，许多从事地质勘查和研究的科技工作者、专家学者、相关单位，在湖北省进行过艰苦卓绝的基础地质工作，为本书的编辑留下了许多基础资料。已公开出版的《恐龙百科》《中国河南恐龙蛋和恐龙化石》《湖北省区域地质志》《湖北省古生物图册》等专著是本项目报告中重要的参考和借鉴资料，在此，对上述成果的编著单位及个人表示深切的敬意和感谢。由于编者业务水平和知识积累有限，书中若存在不足之处，敬请有关专家和读者指正。

中国湖北郧阳晚白垩世断陷盆地内，恐龙蛋化石分布密集、类型丰富、蛋窝结构和蛋化石单体形态保存完整，总体呈原始状态保存，是目前国内外地表保存面积最大、蛋化石数量最多的一处恐龙蛋化石产地，具有不可估量的科学价值。保护古生物化石是当代人深思熟虑的选择，其意义极其深远，它是政府、团体和公众携手共同承担责任和利益共享的一项事业，是公众精神需求的重要体现，更是当地居民文化获得感的切实来源。自然界是永续的，合理而永久的利用，它的利益是可持续的，也是永久的！因此，保护好古生物化石，是我们大家共同的责任！

郧阳青龙山恐龙、恐龙蛋化石群能够完整地保留下来，并科学利用，得益于国家自然资源部（原地质矿产部）、湖北省自然资源厅（原湖北省国土资源厅）、十堰市政府、十堰市郧阳区政府在政策上的正确引导和大力支持；郧阳区自然资源和规划局（自1995年开始至今）、郧阳青龙山恐龙蛋化石群自然保护区管理局（2002年开始至今）、郧阳青龙山恐龙蛋化石群国家地质公园管理局（2005年开始至今）日以继夜、克服困难、坚守岗位的保护管理工作；湖北省地质科学研究院的地质科学技术人员20多年来对化石进行的深入研究；中国地质博物馆、中国科学院古脊椎动物与古人类研究所在技术上的帮助，当地村干部及村民的积极配合，把这块宝地完整地保护下来了，并且基本实现了资源的合理利用，生态的有效保护。在此，我们向上述为郧阳青龙山恐龙蛋化石群保护和建设作出了重要贡献的各级政府、参与保护的企事业单位、有关科研单位、当地村干部和村民表示崇高的敬意和衷心的感谢！

编著者

2024年10月